巴彦淖尔市强对流天气预报预警技术手册

内蒙古巴彦淖尔市气象局　组织编写

方晓红　高　玲　主编

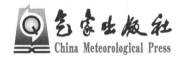

气象出版社

China Meteorological Press

内 容 简 介

通过分析、整理 2008—2019 年巴彦淖尔市大量强对流天气个例,在总结前辈预报员工作经验的基础上,借鉴先进的预报方法,编写《巴彦淖尔市强对流天气技术手册》。本书的主要内容包括强对流天气气候特征、强对流天气潜势分析、强对流天气的中尺度分析、多普勒天气雷达在天气预报预警中的应用、特殊天气的雷达回波图例以及强对流天气个例分析等,引导预报服务人员建立预报预警新思路,为市、县两级的天气预报、气象服务人员在强对流天气的预报预警方面提供技术支撑。

图书在版编目（CIP）数据

巴彦淖尔市强对流天气预报预警技术手册 / 方晓红
等主编. -- 北京 : 气象出版社, 2022.8
ISBN 978-7-5029-7774-0

Ⅰ. ①巴… Ⅱ. ①方… Ⅲ. ①强对流天气－天气预报
－预警系统－巴彦淖尔市－技术手册 Ⅳ. ①P425.8-62

中国版本图书馆CIP数据核字(2022)第142207号

巴彦淖尔市强对流天气预报预警技术手册
BAYANNAOER SHI QIANGDUILIU TIANQI YUBAO YUJING JISHU SHOUCE

出版发行：气象出版社
地　　址：北京市海淀区中关村南大街 46 号　　邮政编码：100081
电　　话：010-68407112(总编室)　　010-68408042(发行部)
网　　址：http://www.qxcbs.com　　　E-mail：qxcbs@cma.gov.cn
责任编辑：张玥滢　张　斌　　　　　　终　　审：吴晓鹏
责任校对：张硕杰　　　　　　　　　　责任技编：赵相宁
封面设计：艺点设计
印　　刷：北京建宏印刷有限公司
开　　本：787 mm×1092 mm　1/16　　印　　张：7.75
字　　数：194 千字
版　　次：2022 年 8 月第 1 版　　　　印　　次：2022 年 8 月第 1 次印刷
定　　价：50.00 元

本书编委会

技术顾问：黄小彦　韩经纬

主　　编：方晓红　高　玲

编写人员（按姓氏笔画排列）：

丁仕青　王智辉　包怡婷　邬欢欢　刘亚娇

刘园园　李凯鹏　张保龙　张舒昊　杨千蕙

何静新　黄元媛　甄雅鑫　滕海迪

前　　言

　　巴彦淖尔市地处内陆深处的内蒙古高原,由北向南分布为乌拉特草原、阴山山脉与河套平原,属于中温带大陆性气候与季风气候的交界区。年降水量由西北向东南为 127～233 mm,为干旱、半干旱地区。受全球气候变化影响,极端天气事件逐渐增多,尤其是强对流天气引发的山洪、农田渍涝、城市内涝及雷雨大风冰雹等灾害性天气,常常给人民生命及财产造成严重损失。巴彦淖尔市强对流天气主要集中在每年的 6—8 月,夏季 90％的农牧业灾害是由强对流天气造成。

　　防灾减灾是气象部门的第一要务,基层台站是气象防灾减灾的第一线。准确及时地开展强对流天气预报预警可以有力地支持地方政府开展气象灾害防御工作,有效减少人员伤亡及灾害损失。

　　随着气象观测站网的不断扩大完善,新的大气探测技术在天气预报业务中广泛应用,强对流天气预报预警技术研究有了大量新的分析资料。为发挥气象防灾减灾第一道防线作用,结合中国气象事业的发展规划和基层预报业务需求,本书归纳总结了巴彦淖尔市近年来在强对流天气预报预警技术研究中的成果和经验,建立了应对强对流天气的预报预警的技术体系,引导预报服务人员建立预报预警新思路,提高预报预警能力,更好地为地方发展提供高质量精细化气象服务。

　　本手册共分 6 章,内容涵盖巴彦淖尔市强对流天气气候特征、强对流天气潜势分析、强对流天气的中尺度分析、多普勒天气雷达在强对流天气预报预警中的应用、特殊天气雷达回波图例及强对流天气个例分析等内容。

　　本手册编写组成员主要由巴彦淖尔市气象局预报技术人员组成。方晓红、高玲作为主编,负责内容设计、技术路线、组织编写、文稿修改和审定等工作,参加编写的主要人员如下(按章节顺序):第 1 章由黄元媛、高玲执笔;第 2 章由滕海迪、刘亚娇、杨千蕙执笔;第 3 章由张保龙、杨千蕙执笔;第 4 章由李凯鹏、张舒昊、邬欢欢、何静新执笔;第 5 章由方晓红、李凯鹏执笔;第 6 章由滕海迪、张舒昊、李凯鹏、刘亚娇、杨千蕙、张保龙执笔。另外,王智辉、包怡婷、甄雅鑫、刘园园、丁仕青等参与了强对流天气资料的整理、统计、制图等工作。

　　在编撰本手册的过程中,湖北省气象局黄小彦、内蒙古自治区气象局韩经纬两位专家参与了编写大纲的工作,审阅全稿并提出了宝贵意见,在此表示感谢;同时,本手册参阅了他人的研究成果和论文、论著,不一一列举,在此也深表谢意。

　　由于强对流天气的复杂性以及预报业务涉及领域广泛,加之编写人员水平有限,错漏之处在所难免,恳请读者批评指正。

《巴彦淖尔市强对流天气预报预警技术手册》编委会

2021 年 11 月

目　　录

第1章 强对流天气气候特征

1.1 强对流天气的含义和分类标准

1.1.1 冰雹

冰雹是从发展强盛的积雨云中降落到地面的坚硬的球状、锥形或不规则的固体降水,是一种季节性明显、局地性强,且来势凶猛、持续时间短、以机械性伤害为主的气象灾害。通常将降落到地面上直径≥2 cm的冰雹称为大冰雹。

在巴彦淖尔市境内,一日中任意地点降雹或一日内多次、多点降雹为一个降雹日,记为一次冰雹天气。

1.1.2 短时强降水

短时强降水指发生时间短、降水效率高的对流性降水。全国短时、临近预报业务规定,降水强度≥20 mm/h。

根据巴彦淖尔市地理状况及实际灾害情况统计,本书中的短时强降水调整为强度≥15 mm/h的降水,即巴彦淖尔市境内任一处出现强度≥15 mm/h的降水为一次短时强降水天气。

1.1.3 雷暴大风

雷暴大风是指伴随强雷暴天气而出现的强烈短时大风,即在电闪雷鸣时出现风速≥17.2 m/s的瞬时大风。

在巴彦淖尔市境内,任一地出现雷暴并伴有风速≥17.2 m/s的瞬时大风,则为一次雷暴大风天气。

1.2 强对流天气资料来源及处理

1.2.1 资料来源

本书中的强对流天气实况资料来源于地面报表、自动站及区域自动站监测数据。冰雹数据除上述资料来源外,还包括高炮防雹作业人员及乡镇气象助理员监测到的冰雹资料。

天气形势及相关要素、指数、卫星云图等资料主要来源于 MICAPS(气象信息综合分析处理系统)提供的气象资料。

雷达资料来源于内蒙古巴彦淖尔市临河站多普勒天气雷达(CD)和内蒙古鄂尔多斯市东胜站多普勒天气雷达(CB)的探测资料。

1.2.2 天气过程

凡在巴彦淖尔市境内出现符合上述标准的强对流天气为一次强对流天气过程。可以是单独气象要素强对流天气过程,也可以是混合型强对流天气过程。

1.2.3 资料选取年限

本手册在2008—2019年5—9月共计12年的气象资料中选取强对流天气过程进行分析。其中,冰雹天气过程84例、短时强降水天气过程89例、雷暴大风天气过程143例。

1.3 强对流天气时间分布特征

1.3.1 年际分布特征

分析巴彦淖尔市强对流天气发生日数年际变化分布图(图1.1、图1.2)可见,强对流天气年际分布极不均匀,每年发生强对流天气一般在8~34天(次),年平均出现16天(次),多发年和少发年相差较大。如2012年强对流天气出现频繁,为34天(次),而2015年仅出现8天(次)。不同类型的强对流天气年际分布也不同,冰雹2008年出现最多,为13天(次),短时强降水2018年出现最多,为17天(次),雷暴大风2012年出现最多,为34天(次)。

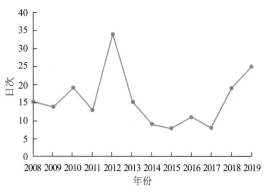

图1.1 强对流发生日数年际变化

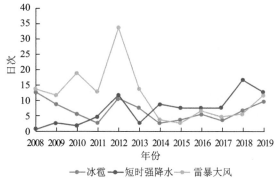

图1.2 不同强对流天气发生日数年际变化

从2008—2019年副热带高压、极涡的位置距平与强度距平统计分析(表1.1)可以看出,强对流天气各年份出现次数的多少与副热带高压、极涡活动关系密切。强对流天气多的年份(2012年),副热带高压偏北,同时极涡偏南,而且极涡的强度也明显偏强;强对流天气少的年份(2015年),副热带高压偏南,同时极涡的强度偏弱,表明高、低纬度之间不同天气系统及冷暖空气的相互作用,对巴彦淖尔地区强对流天气的产生有重要影响。

表1.1 副热带高压、极涡位置距平和强度距平(2008—2019年)

年份	2008	2009	2010	2011	2012	2013	2014	2015	2016	2017	2018	2019
副热带高压脊线	—	+	—	+	+	+	—	—	+	—	+	0
极涡位置	—	—	—	+	+	—	+	—	—	0	+	0
副热带高压强度	0	+	+	+	0	+	+	+	+	+	+	0
极涡强度	—	—	+	+	+	—	—	—	—	0	—	0

注:副热带高压脊线和极涡位置:"+"偏北,"—"偏南,"0"正常;
副热带高压强度和极涡强度:"+"偏强,"—"偏弱,"0"正常。

1.3.2　月际分布特征

巴彦淖尔市强对流天气具有明显的月际变化特征。从各月强对流天气出现的次数分析可见(图 1.3),4—10 月都有可能发生强对流天气,但主要集中在 6—8 月。其中,7 月出现次数最多,为 58 次,占 30.5%,8 月次之,为 44 次,占 23.1%。

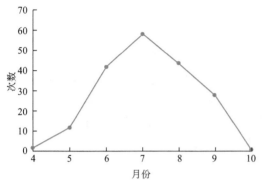

图 1.3　强对流天气发生次数月际变化

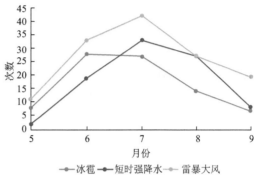

图 1.4　不同强对流天气发生次数月际变化

在强对流天气集中发生的 6—8 月,对不同的强对流天气类型各月出现的次数进一步分析发现(图 1.4),冰雹主要出现在 6—7 月,占 65.5%,8 月最少,占 16.7%;短时强降水主要出现在 7—8 月,占 67.4%,6 月较少,占 21.3%,这与华北地区主汛期时间基本吻合;雷暴大风主要出现在 6—7 月,占 55.6%,8 月最少,占 20%。总之,雷暴大风与短时强降水基本属于同期发生。显然,强对流天气的月际分布差异与夏季季风环流的进退、强弱及其对环境条件的要求不同有关。

1.3.3　日变化分布特征

将一个站出现一次强对流天气统计为一个点次。由图 1.5 可以看出,巴彦淖尔市强对流天气主要发生在 13—19 时(北京时,下同)。由此可见,强对流天气主要集中发生在午后到傍晚时分。

不同的强对流天气现象日变化也不一样(图 1.5)。巴彦淖尔市冰雹天气日变化特征明显,多出现在 14—17 时,约占 68.9%,这与午后地表受热产生的热力对流关系十分密切;短时强降水与雷暴大风 24 h 几乎每个时段都有可能出现。进一步分析发现,短时强降水主要集中在两个时段,一是在 03—05 时,约占 15%,另一个时段在 11—20 时,约占 75.4%;雷暴大风主

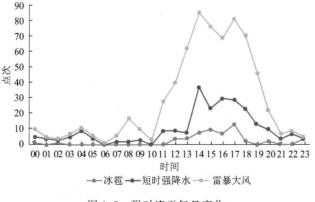

图 1.5　强对流天气日变化

要集中时段与冰雹天气和短时强降水天气出现的时间相吻合。除此之外,在 07—09 时,雷暴大风也易发生。通过分析表明,冰雹天气对局地的大气状态(如边界层热力特征和对流不稳定度)要求较高,而短时强降水与雷暴大风则在相当程度上取决于大尺度环境条件,对局地大气特征有时(如雷雨)要求并不很高。

1.4 强对流天气空间分布特征

从 2008—2019 年收集到的短时强降水资料分析(图 1.6b)可见,乌拉特前旗出现短时强降水的次数最多,为 25 次,磴口县、乌拉特中旗次之,临河区最少,为 2 次。进一步分析表明,大尺度环流形势可以影响强对流天气的落区,但对不同类别的强对流天气,其落区受地形的影响更为直接。由短时强降水落区分布看出,靠近山区多短时强降水,且局地短时强降水天气常起源于山脉迎风坡地区(图 1.6a)。如磴口县、乌拉特后旗、乌拉特中旗、乌拉特前旗沿山一带。

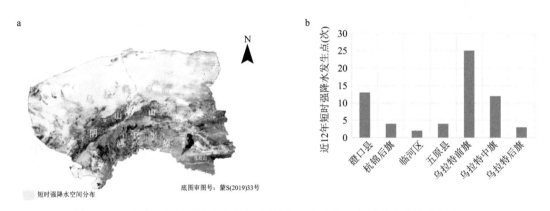

图 1.6 巴彦淖尔市短时强降水空间分布图(a)和各旗县短时强降水发生频次(b)

从 2008—2019 年收集到的冰雹资料分析(图 1.7b)可见,临河区、五原县出现冰雹的次数最多,为 33 次,磴口县、杭锦后旗次之,乌拉特中旗较少,为 8 次,乌拉特后旗最少,为 1 次。由此可见,北部阴山山脉与南部河套平原、黄河之间形成了很强的水平梯度,具有不同类型的下垫面,冰雹多发生在阴山以南、沿黄河一带。其中,磴口县、杭锦后旗、临河区、五原县内呈东西带状分布的区域是冰雹高发区(图 1.7a)。

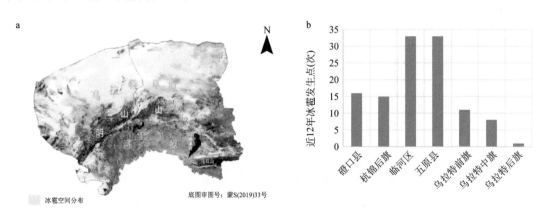

图 1.7 巴彦淖尔市冰雹空间分布图(a)和各旗县冰雹发生频次(b)

夏季强对流天气常常伴有雷暴大风天气出现。雷暴大风天气只有 7 个旗(县、区)的 9 个自动站有记录,且 2015 年之后已不做雷暴大风天气观测,无法准确反映巴彦淖尔市地区雷暴大风天气的空间分布特征情况。因此,雷暴大风天气在此不做进一步的分析讨论。

1.5　小结

本章对巴彦淖尔市强对流天气的标准进行规定、资料来源处理进行说明。同时,利用 12 年的地面观测资料,统计分析了巴彦淖尔市雷暴大风、冰雹和短时强降水的主要时空变化特征,得到以下结论。

(1)巴彦淖尔市强对流天气年际分布极不均匀,每年发生强对流天气的天数在 8～34 天(次),年平均出现 16 天(次)。强对流天气各年份出现次数多少与副热带高压、极涡的活动关系密切。强对流天气多的年份,副热带高压偏北同时极涡偏南,且副热带高压或极涡的强度也明显偏强。强对流天气少的年份,副热带高压偏南,极涡偏北,同时副热带高压、极涡的强度偏弱。

(2)巴彦淖尔市 4—10 月都能发生强对流天气,但主要集中在 6—8 月。冰雹主要出现在 6—7 月;短时强降水主要出现在 7—8 月;雷暴大风主要出现在 6—7 月。

(3)巴彦淖尔市强对流天气主要发生在 13—19 时。冰雹天气日变化特征明显,多出现在 14—17 时,这与午后地表受热产生的热力对流关系十分密切;短时强降水主要集中在两个时段,一个是在 03—05 时,另一个时段在 14—19 时;雷暴大风主要集中时段与冰雹天气和短时强降水天气出现的时间相吻合。

(4)强对流天气的发生受大尺度环流形势影响,但对不同类别的强对流天气,其落区受地形的影响更为明显。从短时强降水分布可以看出,靠近山区多短时强降水,且局地短时强降水天气常起源于山脉迎风坡地区;冰雹多发生在阴山以南、沿黄河一带,磴口县、杭锦后旗、临河区、五原县呈东西带状分布的区域是冰雹天气高发区。

第2章 强对流天气潜势分析

2.1 形成强对流天气的条件

强对流天气发生发展需要一定的条件,必须的三要素是水汽、不稳定层结和抬升条件[1]。

2.1.1 水汽对强对流天气的作用

水汽是对流风暴的"燃料",而水汽大多数情况下来自于大气低层,当水汽随云底上升气流进入对流云中,在凝结成云滴或冰晶时,潜热释放出的能量驱动对流云内的上升运动,使得强对流系统发展和维持。巴彦淖尔市地处内陆,属半干旱大陆性季风气候,空气干燥,若要满足强对流天气发生的水汽条件,需要源源不断的水汽输送和水汽辐合。能够为巴彦淖尔市提供水汽输送的天气系统主要有低空急流和切变线[1]。

通常我们讲的低空急流输送水汽有两种情况,一种是利用西南或者南风气流的优势,将孟加拉湾或南海的水汽输送到河套地区;另一种是西太平洋副热带高压与南部的台风相遇时,形成一支强劲的西南或偏南低空急流将水汽输送到河套地区。低空急流对强对流天气的作用主要是造成低层很强的暖湿空气的平流,一是在低空急流轴最大风速中心的左前方有明显的水汽和质量辐合;二是将低纬度的热量通过温度平流输送产生位势不稳定层结。

切变线分为冷式和暖式切变线。切变线对强对流天气的作用主要有三个方面[2]:一是通过偏南气流使南方的水汽不断输送到河套地区,形成带状的水汽辐合带,造成水汽通量的辐合堆积和假相当位温的增加;二是偏南水汽沿着锋面向上爬升,水汽冷却凝结成雨使得对流层低层的湿度进一步增大,引起较强的湿度平流;三是切变线左侧的冷空气嵌入到暖湿气流的下方,使得暖湿气流被迫抬升,触发不稳定能量的释放。

2.1.2 不稳定能量对强对流天气的作用

对流活动通常是由"条件性不稳定"造成。夏季午后气温升高,大气边界层充分混合,温度直减率接近于干绝热直减率,大气层结逐渐向不稳定转化[3]。层结变化机制包含地面增温、低层变暖变湿、高层有冷平流等方面,层结不稳定增长是对流强烈发展的重要条件。造成巴彦淖尔市大气层结不稳定的天气系统主要有高空槽、低(冷)涡及低空急流和切变线。

高空槽、切变线能否造成大气层结不稳定,要看其前后的冷暖性质。冷性的高空槽或切变线由于其前后冷暖平流较强,易产生强对流天气。夏季在蒙古国、我国东北地区常常形成有闭合等高线的气旋性涡旋,并配合有冷槽或冷中心,常常在巴彦淖尔市易发生强对流天气。

高空冷涡是一种深厚的辐合系统,其强大的正涡度有利于低层暖湿空气抬升。此外,冷涡具有很强的斜压性,其后部的西北或偏北气流将中高纬度的干冷空气不断向南输送,易形成"上干冷下暖湿"的不稳定层结。

另外,低空急流或切变线除了对水汽的输送作用外,还可以在输送水汽的过程中释放大量凝结潜热,形成"上干下湿"的不稳定层结结构。而中高层的干冷空气(干侵入)对于对流性天气系统的生成、发展起到积极作用,并能触发新的对流天气生成。

2.1.3　抬升运动对强对流天气的作用

在对流不稳定条件下,需要一定的抬升条件对流才能发生。触发对流的抬升条件有天气系统造成的系统性上升运动,也有局地热力的抬升作用,此外,地形的抬升作用也可以触发或加强对流的发展。

多数强对流天气的形成都与系统性辐合及抬升运动有关,槽线、切变线、低空低涡、高低空急流、锋面的抬升等天气系统造成的辐合上升运动都是较强的系统性上升运动,绝大多数对流性天气都产生在这些天气系统中[1]。除了上述系统性辐合运动外,低空流场中风向和风速的辐合线、负变高或负变压中心区也可产生抬升作用。在盛夏季节,地面冷锋、高空槽等大尺度天气系统有时可能并不清晰,但在水汽及稳定度条件满足的情况下,有时只要有地面的中小尺度低压,辐合区就能触发不稳定能量释放,造成对流性天气发展。而特别重要的一类是边界层辐合线即地面风场辐合线,对流风暴易在边界层辐合线附近生成,尤其是在两条辐合线的交点附近生成。

夏季午后地面受太阳辐射而升温,在近地层形成绝对不稳定的层结,使得对流发生,这种由热力抬升作用造成的雷暴称为热雷暴。热力抬升作用通常比系统性上升运动要弱,往往只能造成强度不大的对流云。

2.2　巴彦淖尔市强对流天气的主要天气系统

2.2.1　强对流天气主要天气系统

天气系统的演变过程是强对流天气酝酿和发生的重要基础条件之一。这是因为天气系统的演变在很大程度上改变了局地的热力层结不稳定、抬升运动的强弱以及水汽输送条件。因此,预报员对天气系统配置的认识和理解是强对流预报能否成功的前提和基础。我们经过多年资料积累及经验总结,筛选出易造成巴彦淖尔市强对流天气发生的主要影响系统,例如锋面气旋、高空槽、切变线、冷涡、副热带高压等。在本节中将对这些系统的影响作用做进一步阐述。

(1)高空槽、切变线

高空槽、切变线是造成巴彦淖尔市强对流天气的主要天气系统。在 2008—2019 年的强对流天气个例中出现次数最多,占比 64.2%。高空槽或切变线是否能够造成强对流天气,取决于槽线或切变线前后的气流分布和它们的冷暖性质。

以 2012 年 6 月 27 日的强对流天气为例,巴彦淖尔市大部地区出现雷阵雨天气,并伴有短时强降水。其中,2 个站出现大暴雨,为乌拉特后旗(108.5 mm)和乌拉特中旗(103.3 mm);3 个站出现大雨,为临河区(45.7 mm)、五原县(32.8 mm)、杭锦后旗(36.6 mm)。最大降水强度出现在乌拉特后旗,为 42.4 mm/h(00—01 时)。

从环流形势场分析(图 2.1)可见,500 hPa 亚欧大陆呈"两高一低"形势,副热带高压东退南落,巴彦淖尔市受高空槽前西南气流控制,高空槽后贝加尔湖至新疆北部有冷空气堆积,甘肃南部的南支槽,其北部有辐合中心;700 hPa 切变线位于阿拉善盟中部且向东移动,即将影响巴彦淖尔市地区,副热带高压外围有偏南急流建立,将南方的水汽输送至河套、华北一带;

850 hPa 辐合中心位于阿拉善盟西部,巴彦淖尔市受暖湿气团高空槽、切变线在强对流天气中的预报经验如下。

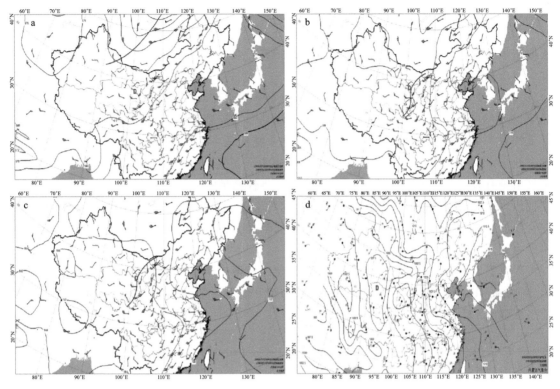

图 2.1　2012 年 6 月 27 日 08 时 500 hPa(a)、700 hPa(b)、850 hPa(c)高度场及地面气压场(d)

1)槽线前后的气流分布情况,主要以槽线两侧的风向交角及风速的大小来表征。一般来说,风向交角愈接近或小于 90°及槽后风速较大,槽线上的辐合上升运动也较强,这样的槽就有利于产生强对流天气。

2)冷性的高空槽由于槽线前后暖舌及冷槽明显,冷暖平流较强,因此,对形成对流天气有利。切变线也与其相似。

(2)冷涡

夏季在巴彦淖尔市常出现冷涡雷暴,其特点是变化较快(短时间内就可由晴天变为雷暴天气),持续时间较短,危害性较大(常伴有短时大风、冰雹)。经统计,在 2008—2019 年的强对流个例中,出现冷涡型的占比为 23.2%。影响巴彦淖尔市主要为蒙古冷涡(贝加尔湖冷涡),西北冷涡、华北冷涡次之。

以 2009 年 8 月 17 日巴彦淖尔市一次冰雹雷暴天气过程为例,12 时至 18 时,巴彦淖尔市大部地区出现分散的阵雨,并伴有雷暴,最大降水量 15.7 mm,最大降水强度 7.8 mm/h。临河区、五原县、杭锦后旗的部分乡镇出现冰雹。这次冰雹灾害的特点是:冰雹持续时间较长,前后长达 8~15 min;受灾面积大,共计 58430.67 hm²;大多数冰雹直径在 1 cm 左右,最大冰雹直径约 2 cm。

从 17 日 08 时天气形势场分析(图 2.2)可见,500 hPa 贝加尔湖附近有闭合低涡中心,巴彦淖尔市处于涡底前部,受西南气流影响;700 hPa 贝加尔湖附近的冷涡与高层对应,冷平流位于涡后部并向东南方向移动,而巴彦淖尔市在暖脊的控制下,受西南气流影响,暖湿条件明显好转;850 hPa 贝加尔湖冷涡维持少动,阿拉善盟与巴彦淖尔市交界处有明显的冷式切变,巴彦淖尔市受偏南气流的影响,水汽条件较好。地面受低压顶部的地面辐合线控制,起到抬升触发作用。综上分析,从贝加尔湖冷涡深厚,中低层具有较好的动力、热力和水汽条件,有利于强对流天气的发生发展。

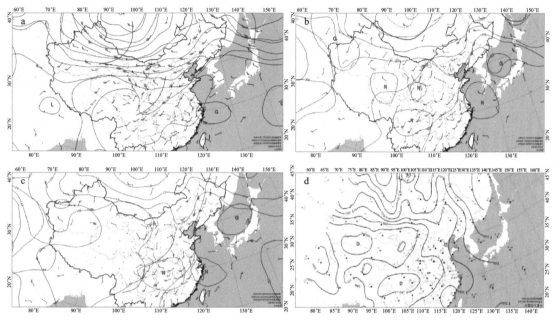

图 2.2　2009 年 8 月 17 日 08 时 500 hPa(a)、700 hPa(b)、850 hPa(c)高度场及海平面气压场(d)

冷涡在强对流天气中的预报经验有以下几点。

1)冷涡雷暴主要出现在冷涡的南部及西南部,而以出现在西南部最为常见。这是因为当冷涡发展南移时,其西南部冷平流更强的缘故,加上副热带高压西北部又有较强的暖湿平流,因此,冷涡的南部经常产生大片雷暴,在冷涡的东北和西北部位也可能产生雷暴。

2)冷涡雷暴一般是与地面冷锋和高空小横槽相伴出现和活动的。因此,要注意横槽和地面冷锋的位置和动向。因为当冷涡后部暖高脊很强,且向东北方向伸展时,横槽就带着冷空气沿涡后偏北气流南下,加强了冷涡的辐合上升运动,促使不稳定能量释放。因此,冷涡后部的小横槽(旋转槽)对冷涡雷暴的产生和持续起着重要作用。当冷涡中心稳定少动时,这种反映冷空气不断补充的高空横槽一次次转竖,就造成了冷涡雷暴的连续出现。

3)当冷涡稳定少动时,气层由于其稳定度的日变化,每到午后或傍晚就会变得较不稳定,因而可能有雷暴出现。

4)在冷涡控制区域,低层 850 hPa 有较明显的暖湿平流,高层有干冷平流的区域,往往有强雷暴或冰雹出现。

(3)冷锋

锋面雷暴是巴彦淖尔市夏季的主要雷暴类别之一。对 12 年的强对流天气个例分析中,冷锋、暖锋、静止锋上都可能产生强对流天气,占比 12.5%。其中,以冷锋系统产生的雷暴天气最多,强度也较强;暖锋雷暴较少。锋面雷暴多由显著的冷暖平流导致斜压锋生和强烈的辐合抬升形成的动力强迫所产生,表现为高空冷平流、低空暖平流都很显著,使温度递减率加大,有利于对流的发生;在单站探空上表现为低空风向随高度顺转,中高空风向随高度逆转。

以 2013 年 8 月 10 日强对流天气过程为例(图 2.3),10 日午后到傍晚,巴彦淖尔市西部和东南部出现雷暴、冰雹和短时强降水。其中,杭锦后旗、乌拉特后旗、乌拉特前旗观测到雷暴,乌拉特前旗出现短时强降水,临河区、乌拉特前旗出现冰雹。

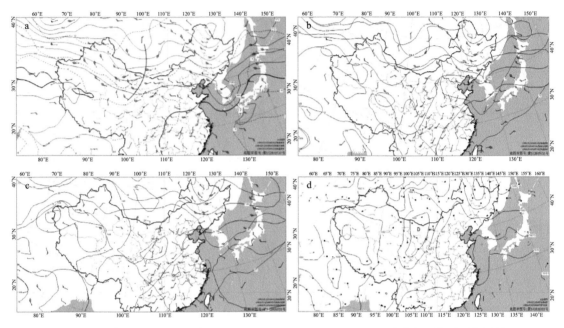

图 2.3 2013 年 8 月 10 日 08 时 500 hPa(a)、700 hPa(b)、850 hPa(c)高度场及海平面气压场(d)

从抬升条件分析,700 hPa 上游存在有短波槽,温度场位相落后于高度场位相,有利于短波槽加深发展;850 hPa 有切变线,受正涡度平流作用,地面倒槽发展为气旋,辐合作用加强,高层辐散、低层辐合提供了对流天气的触发机制;从温度场配置分析,中高层为西北气流控制,存在冷平流,低层受暖脊控制,有利于"上冷下暖"不稳定层结的形成;10 日 08—14 时,河套气旋东北抬升加强为蒙古气旋,巴彦淖尔市处于气旋系统控制,位于地面冷锋前后部;此时,巴彦淖尔市到阿拉善盟西部 500 hPa 与 850 hPa 温差大于 28 ℃,温度直减率较大,表明层结不稳定强,因此发生了强对流天气。

冷锋雷暴在强对流天气中的预报经验有以下几点。

1)在冷锋前暖湿空气活跃(例如有正变温、增湿、南风较大、暖空气不稳定等)的情况下,当冷锋过境时一般有雷暴形成。

2)冷锋雷暴的发生与锋面上空的形势有关。在夏季当有与 850 hPa 和 700 hPa 上明显的高空槽(或切变线)相配合的冷锋过境时,极大可能会产生雷暴,而当二者重合或槽线超前于地面锋(前倾槽)时则更有利于发生较强烈的雷暴。

3)如果锋面附近,高层为冷平流,低层为暖平流,且平流较强,则锋面过境时易产生雷暴。

4)高空锋区的强弱,与锋面上是否产生雷暴及它的强度有很大关系。与比较强的对流层锋区相对应的锋段上出现雷暴的机会较多,强度较强。较强的高空锋区一般都有高空急流相配合。因此,与高空急流相对应的锋段上出现雷暴的机会较多,强度较强。

（4）副热带高压

在对流层低层，副热带高压西北部空气比较暖湿，常常储存大量的不稳定能量，在有外来系统侵入或没有外来系统侵入的情况下，都有发生雷暴的可能。当天气系统很弱，等压线十分稀疏时，有时由于地形造成的小范围风场辐合，引起孤立分散的雷暴。当副热带高压明显东退时，也可引起不稳定能量释放而造成雷暴。当副热带高压西北部有锋面、低压、高空槽、切变线、低涡等系统影响时，在副热带高压西北部可造成较广的雷暴区。

（5）高、低空急流

高空急流是产生高空辐散的机制之一。高空辐散有两个作用：一是抽吸作用，有利于上升气流的维持和加强；二是通风作用，当存在高空急流时，对流层上部的热量会被吹走，气温降低，有利于对流云团的维持和发展。

低空急流出现在对流层低层，是热量、动量和水汽的高度集中带。一是偏南暖湿气流的输送建立不稳定层结；二是低空急流左侧具有强的气旋性切变，可以引发较强的天气尺度上升气流，进而触发不稳定能量的释放产生小尺度的强上升运动；三是水汽辐合上升凝结引起潜热释放，对低空急流和气旋式切变的连续发展都有重要作用。

高、低空急流的配置，促使暖湿空气抬升，从而释放不稳定能量，造成强对流天气。强对流天气常发生在低空急流的左侧、高空急流入口区的右侧和出口区的左侧。

强大的冰雹云的发展常与较大的风速垂直切变有密切的关系。强的风速垂直切变一般出现在有高空急流通过的地区。在中纬地区，强雷暴及冰雹和 500 hPa 急流轴的月平均位置联系得十分紧密。除了高空急流以外，低空西南风急流对形成冰雹和其他强雷暴天气也是有利的，它们的作用主要是造成低层很强的暖湿平流，加强层结的不稳定度，而且可以加强低层的扰动，触发不稳定能量的释放，在这种地区如同时有高空急流通过，则往往会发生强对流天气。多数情况下，若副热带高压西伸北抬，配合西南或东南急流显著增强，在河套地区易出现大范围的降水天气过程。例如 2018 年 7 月 19 日的大风、强降水天气过程，巴彦淖尔市 137 个气象观测站共有 101 个站出现降水，其中 5 个站出现大暴雨，20 个站出现暴雨。最大降水强度出现在乌拉特前旗两眼井，为 51.9 mm/h。从高空天气图分析（图 2.4），7 月 19 日 08 时 500 hPa 副热带高压发展强盛，在东海附近形成 592 dagpm 的闭合中心，588 dagpm 线西伸北抬，控制着华北大部，西脊点位于陕西省的西南部；700 hPa 巴彦淖尔市东部处于低空急流出口区的左侧，乌拉特中旗为西北风，风速 14 m/s、东胜为偏南风，风速 15 m/s，在巴彦淖尔市东南部南北风速辐合达 24 m/s，辐合切变强烈。在副热带高压稳定少动的大尺度背景下，配合低层强烈的辐合，使得此次降水持续时间长、强度高。

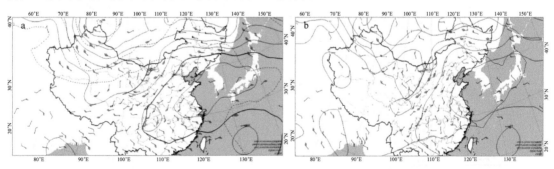

图 2.4　2018 年 7 月 19 日 08 时 500 hPa(a)、700 hPa(b)高空图

（6）台风

台风除了可以直接造成强风暴雨外，它与中低纬度天气系统的相互作用，也可间接导致巴彦淖尔市产生大范围强降水。

太平洋上的台风多生成于西太平洋副热带高压边缘，并沿高压的外围移动。若台风北上，有时会使副热带高压北抬，进而影响华北地区，同时台风也会带来充足的水汽。例如 2018 年 7 月 23 日的强降水天气，东亚大陆中纬度天气形势为西低东高型，副热带高压东退至渤海地区，在下游形成阻挡形势。10 号台风"安比"在福建登陆，后进入安徽淮北附近，其北侧的东南风将东海的水汽向华北输送，同时，北部湾热带低压东北侧的东南风将南海的水汽输送至大陆。两路水汽在重庆汇合后，北上至 40°N 附近与河套附近的高空槽后的冷空气在内蒙古中西部地区交绥，致使河套地区出现强降水天气。台风"安比"为巴彦淖尔市大范围降水的产生提供了一定的动力和水汽条件（图 2.5）。

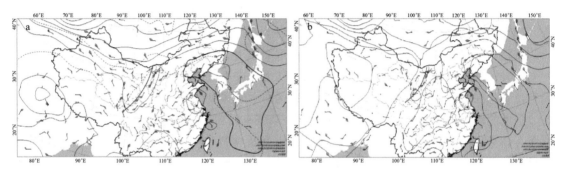

图 2.5 2018 年 7 月 23 日 08 时 500 hPa(a)、700 hPa(b)高空图

2.2.2 易发生强对流天气的高低空配置

（1）二型冷锋类（前倾槽）

前倾槽是指槽线随高度向前进方向倾斜，高空槽线位于地面锋面的前方（图 2.6）。一般表现为短波西风槽，持续时间较短并趋于减弱。当 500 hPa 高空槽后有干冷平流，其 850 hPa 高空槽前有暖湿平流，对应的地面冷锋前极易产生比较强烈的对流性天气。因此，夏季，前倾槽是激发强对流天气的重要天气配置之一。

例如 2019 年 6 月 25 日，巴彦淖尔市出现分散的阵雨或雷阵雨，最大降水量出现在乌拉特前旗沙德格，为 59.4 mm，最大降水强度也出现在沙德格，为 29.6 mm/h，当日 18 时左右乌拉特前旗东南部多条沟口出现山洪。此次强对流天气即由特征明显的前倾槽结构引起（图 2.7）。

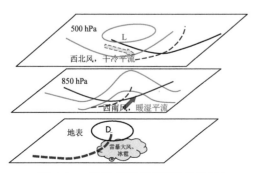

图 2.6 二型冷锋类（前倾槽）示意图

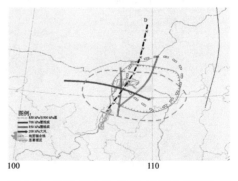

图 2.7 2019 年 6 月 25 日 08 时中尺度分析

（2）阶梯槽

阶梯槽是指在中高纬度西风带的西北气流中出现两个或多于两个的西风槽,呈阶梯状排列。阶梯槽有三种演变方式:1)当后槽赶上前槽,并趋于合并时,前槽将发展加强,槽线附近易产生强对流天气;2)当后槽减速发展,并与前槽的距离逐渐加大时,前槽减弱加速东移;3)前后两槽同步位移时,前槽强度少变。

一般情况下,如果在低层辐合流场上空又有辐散流场叠置,那么抬升力会更强,易造成严重的对流性天气。分析表明,强雷暴天气往往是由地面中低压发展以及高层辐散加强所引起的。在 500 hPa 槽前有正涡度平流(如在阶梯槽、疏散槽槽前的情形下),低层有暖舌,地面为高温区,山区摩擦辐合作用较强的地区容易产生中低压。当中低压生成后,如果高空还有加强的辐散场,则垂直上升运动便会加强,强烈的对流性天气便可能在中低压内发展起来。

（3）后倾槽

后倾槽是指高空槽线落后于地面锋面的槽。当温度槽落后于高空槽时,低压槽中槽线随高度的倾斜方向与槽移动方向相反,即在西风带中槽线随高度偏移在西侧的低压槽。后倾槽倾斜程度不同,对天气的影响也不同。当倾斜程度较大时,由于槽前的垂直运动分布范围广,但发展并不很强,所以多半产生范围广阔的稳定性低云降水天气。根据实际工作经验,低云降水区主要集中在 700 hPa 槽线前,故 700 hPa 槽线一过,天气就可好转。当槽线随高度倾斜程度不大时,垂直运动发展较强,所以常造成强烈的不稳定天气,但天气区较窄,来时突然,好转也较快[1]。经多年强对流资料统计,巴彦淖尔市出现后倾槽型强对流天气的概率较小。

2.3　温度-对数压力图在强对流天气预报分析中的应用

温度-对数压力(T-$\ln P$)图(图 2.8),是我国气象台站普遍使用的一种热力学图解,它能反映探空站及其附近上空各种气象要素的垂直分布情况,尤其对强对流天气有着明显的指示意义。因此,在天气分析和预报中有着非常广泛的应用。

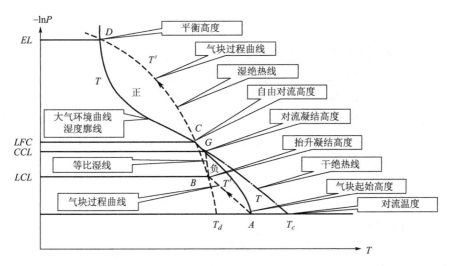

图 2.8　T-$\ln P$ 图分析示意图

2.3.1　$T\text{-}\ln P$ 图各参量的意义[1,4,5,6,7]

（1）抬升凝结高度（LCL）

定义：气块绝热上升达到饱和时的高度。

计算方法：通过地面温压点作干绝热线，通过地面露点温度做等饱和比湿线，两线相交点所在的高度就是抬升凝结高度。

物理意义：表示水汽发生凝结的高度，即层云云底的高度。

注意事项：有时由于考虑到地面温度的代表性较差，也可用 850 hPa 到地面气层内的平均温度及露点温度代表地面温度及露点温度来求 LCL；有时近地面有辐射逆温层，此时可用辐射逆温层顶作为起始高度来求 LCL。

（2）自由对流高度（LFC）

定义：在条件性不稳定气层中，气块受外力抬升，在绝热过程中由稳定状态转入不稳定状态的高度。

计算方法：根据地面温度、气压、露点温度值做状态曲线，它与层结曲线相交之点所在的高度就是自由对流高度。

物理意义：是判断对流现象是否容易发生的一个重要参数。在自由对流高度之下，气块上升需要外力抬升作用，即克服对流抑制能量（CIN）作功，在自由对流高度之上，气块将获得能量（$CAPE$）在浮力作用下自动上升。

（3）对流凝结高度（CCL）

定义：假如保持地面水汽不变，而由于地面加热作用使层结达到干绝热递减率，在这种情况下气块干绝热上升达到饱和时的高度。

计算方法：通过地面露点温度作等饱和比湿线，它与层结曲线相交点所在的高度就是对流凝结高度。

物理意义：表示水汽发生凝结的高度，即午后热对流的云底高度。

注意事项：当有逆温层存在时（近地面的辐射逆温层除外），对流凝结高度的求法是通过地面露点温度作等饱和比湿线，与通过逆温层顶的湿绝热线相交之点所在高度即对流凝结高度。

（4）对流温度（T_g）

定义：气块自对流凝结高度沿干绝热线下降到地面时所具有的温度。

计算方法：沿经过对流凝结高度的干绝热线下降到地面，它所对应的温度，就是对流温度。

物理意义：若地面加热使气温超过 T_g，则有发生热对流的可能，否则，将不会产生热对流。根据当天最高气温的预报，可以粗略地估计对流云的生成时间、云高和云厚。地面气温增至 T_g 的时间就是积云开始出现的时间，对流凝结高度为热对流云的云底高度，对流凝结高度到对流上限的厚度为积云厚度。

（5）0 ℃层高度和−20 ℃层高度

定义：0 ℃层和−20 ℃层分别是云中冷暖云分界线高度和大水滴的自然冰化区下界，是表示雹云特征的重要参数。

物理意义：如果 0 ℃、−20 ℃等特性层高度太高，雹胚不能形成或生长。0 ℃层高度随季节、海拔高度、纬度不同而不同，冰雹天气时，中国平原地区大体上有利于其形成的高度为 3～4.5 km 或 700～600 hPa，也有的为 5 km（高原地区）。−20 ℃层高度随时间和地点的变化较大，一般在 5～9 km 内变动，−20 ℃层高度在 5.5～7.4 km 或 500～400 hPa 时最易形成雹云。常用

0 ℃层与−20 ℃层两个等温面间的厚度来表示这一气层的稳定度,厚度越小,表示气层越不稳定。

2.3.2　常用不稳定度指数意义[1,4,5,6,7]

(1)气团指标(K)

计算方法:$K = (T_{850} - T_{500}) + (T_d)_{850} - (T - T_d)_{700}$

式中,$(T_{850} - T_{500})$为 850 hPa 与 500 hPa 的实际温度差,$(T_d)_{850}$为 850 hPa 的露点温度,$(T - T_d)_{700}$为 700 hPa 的温度露点差。

物理意义:$(T_{850} - T_{500})$表示温度直减率,$(T_d)_{850}$表示低层水汽条件,$(T - T_d)_{700}$表示中层饱和程度。因此,K指数可以反映大气的层结稳定情况,K指数越大,层结越不稳定。它侧重反映对流层中下层(850~700 hPa)的湿度廓线,湿度越大,K指数越大,越不稳定。当对流层中低层"上冷下暖"的结构特征明显及低层高湿时,K指数的值都可能比较大。

依据《T-ln$p$ 图在天气分析和预报中的应用》[4],K指数与对流性天气有下列对应关系:

$K < 20$ ℃,无雷雨;

20 ℃ $< K < 25$ ℃,可能有孤立雷雨;

25 ℃ $< K < 30$ ℃,可能有零星雷雨;

30 ℃ $< K < 35$ ℃,可能有分散雷雨;

$K > 35$ ℃,可能有成片雷雨。

注意事项:在K指数所指示的不稳定区域中,常受气流辐合、辐散的影响。在辐合区中,雷暴活动加强,在辐散区中,雷暴活动减弱。K指数不能明显表示出整个大气的层结不稳定程度。使用K指数时应注意季节、地域、对流类型的差异。K指数只能在判断强对流潜势时定性使用,对于强对流天气类型的判断不够充分。不能反映对流层底层的温湿状况。

(2)沙氏指数(SI)

计算方法:$SI = T_{500} - T_s$

式中,T_{500}为 500 hPa 上的实际温度;T_s为气块从 850 hPa 开始沿干绝热线抬升到抬升凝结高度,然后再沿湿绝热线抬升到 500 hPa 的温度。若$SI > 0$,表示稳定,$SI < 0$,则表示不稳定,负值越大,层结越不稳定。

物理意义:可以定性地用来判断对流层中层(850~500 hPa)是否存在热力不稳定层结,它不能反映对流层底层的热力状况,反过来说,它的优点是受日变化的影响相对较小,而与$CAPE$有较好的负相关,与自由对流高度以上的浮力大小有关。

依据《天气学原理和方法》[1],SI与对流性天气有下列对应关系:

$SI < -6$ ℃,有发生严重对流性天气的危险(如龙卷);

−6 ℃ $< SI < -3$ ℃,有发生强雷暴的可能性;

−3 ℃ $< SI < 0$ ℃,有发生雷暴的可能性;

0 ℃ $< SI < 3$ ℃,有发生阵雨的可能性;

$SI > 3$ ℃,发生雷暴的可能性很小或没有。

注意事项:若 850 hPa 与 500 hPa 之间存在锋面或逆温层时,SI 无意义。使用SI时,用到的起始高度为 850 hPa、上层为 500 hPa,一般情况下,500 hPa 在自由对流高度之上。上下层高度固定具有局限性,因为气块的真实抬升位置不一定在 850 hPa。

(3)A指数

计算方法:$A = (T_{850} - T_{500}) - [(T - T_d)_{850} + (T - T_d)_{700} + (T - T_d)_{500}]$

式中，$(T_{850}-T_{500})$ 为 850 hPa 与 500 hPa 的实际温度差，$(T-T_d)_{850}$ 为 850 hPa 的温度露点差，$(T-T_d)_{700}$ 为 700 hPa 的温度露点差，$(T-T_d)_{500}$ 为 500 hPa 的温度露点差。

物理意义：$(T_{850}-T_{500})$ 表示温度直减率，$[(T-T_d)_{850}+(T-T_d)_{700}+(T-T_d)_{500}]$ 表示中层饱和程度和湿层厚度，一般 A 值越大，表明大气越不稳定或对流层中下层饱和程度越高对降水有利。

（4）抬升指数（LI）

计算方法：$LI=T_{500}-T_L$

式中，T_L 为气块的抬升温度，即它从自由对流高度开始，沿湿绝热线抬升到 500 hPa 的温度；T_{500} 为 500 hPa 上的实际温度。若 $LI>0$，表示稳定，$LI<0$，则表示不稳定。

物理意义：可以定性地用来判断对流层中层（自由对流高度至 500 hPa）是否存在热力不稳定层结。它与 SI 相似，不能反映对流层底层的热力状况，而与 $CAPE$ 有较好的负相关，与自由对流高度以上的浮力大小有关。

（5）对流有效位能（$CAPE$）

定义：当气块的重力与浮力不相等且浮力大于重力时，部分位能可以释放，并可在对流过程中转化成大气动能，故称其为对流有效位能，即 $T\text{-}lnP$ 图上由层结曲线和状态曲线相交的正面积（红色区域）。$CAPE$ 越大，越不稳定。

物理意义：表示自由对流高度与平衡高度之间，气块温度高于环境温度，气块由正浮力作功而将势能转化为动能的"能量"大小。因此，$CAPE$ 越大，对流发展的高度就越高，或者说对流就越强烈。

注意事项：$CAPE$ 是温度和湿度的相关函数，对温度和湿度极为敏感，因此，它有明显的季节变化和日变化。$CAPE$ 的大小与抬升高度及对流发生前夕层结曲线有关。

（6）对流抑制能量（CIN）

定义：气块在到达自由对流高度（LFC）以前，气块温度低于环境温度，必须有外力克服重力对气块做功，而功的大小与从气块起始位置到 LFC 间的状态曲线与层结曲线所围成的面积成正比，这个面积被称为负面积（蓝色区域），即对流抑制能量（CIN）。

物理意义：处于大气底部的气块，若要参与对流，必须从环境大气获得的能量下限。通常凌晨 CIN 最大，午后随着地面温度升高 CIN 变小。对于强对流发生的情况往往是 CIN 有一较为合适的值：太大，抑制对流程度大，对流不容易发生；太小，不稳定能量不容易在低层积聚，不太强的对流很容易发，从而使对流不能发展到较强的程度。

注意事项：CIN 的计算与 $CAPE$ 的计算相似，同样受到抬升高度与层结曲线的影响。

2.3.3 探空物理量指标总结

为了区分以短时强降水为主的天气、以冰雹为主的天气、以雷暴大风为主的天气及混合型强对流天气的探空环境场，对 2008—2019 年巴彦淖尔市各种强对流天气个例进行了分类统计。其中，以短时强降水为主的天气占 14.8%，以冰雹为主的天气占 3.7%，以雷暴大风为主的天气占 28.6%，混合型强对流天气占 52.9%，得到如下主要结论（表 2.1～表 2.5 分别表示强降水型、冰雹型、雷暴型、混合型四种强对流天气的环境参数标准差、均值、占比≥70%值、最大值、最小值，下文统称 4 类统计值）。

（1）T_g、LI、A、K、SI、$T_{850}-T_{500}$ 标准差比较小，不确定性比较小，而其他物理量的标准差比较大，离散度较高，其大小的不确定性比较大。

（2）4 类统计值显示，短时强降水的 0 ℃层到－20 ℃层高度明显高于冰雹型和雷暴大风型，混合型的值介于中间。适合的 0 ℃层和较低的－20 ℃层高度有利于冰雹的形成。

（3）4 类统计值均显示，冰雹的 0 ℃层到－20 ℃层厚度最小，0 ℃层到－20 ℃层厚度越小，温度梯度越大，大气层结越不稳定。

（4）4 类统计值均显示，短时强降水的 A 指数明显大于冰雹型和雷暴大风型，混合型的值介于中间。冰雹天气的 A 指数值一般适中，太大容易形成大的降水。

（5）4 类统计值均显示，短时强降水的 K 指数明显大于冰雹型和雷暴大风型，混合型的值介于中间。

（6）4 类统计值均显示，短时强降水的 850 hPa 与 500 hPa 的温差明显低于冰雹型和雷暴大风型，混合型的值介于中间。

（7）4 类统计值中，环境参数占比≥70％的值反映了大多数强对流天气发生前指数的概况，参考意义较大，对于环境参数最大值和最小值，虽在强天气指数中出现的次数少，但是对于强对流天气的预报服务工作有一定的警示作用，可以防止因常规的预报经验而导致强对流天气的漏报。

（8）环境参数占比≥70％显示，三种强对流天气的 T_g 在 27 ℃左右、LI 在 1 ℃左右时，LCL、LFC、CCL、CIN 差别不大，而强降水的 $CAPE$ 明显偏大，SI、0 ℃到 LCL 厚度较低。

表 2.1　强降水型、冰雹型、雷暴型、混合型四种强对流天气的环境参数标准差

指标	强降水型	冰雹型	雷暴型	混合型
T_g(℃)	5.6	5.1	5.5	5.5
LI(℃)	4.3	4.4	3.6	2.9
0 ℃层高度(m)	575.7	539.5	597.0	524.2
－20 ℃层高度(m)	744.3	704.7	657.2	619.6
LCL(m)	43.7	82.7	64.3	65.7
LFC(m)	266.1	255.7	342.8	304.1
CCL(m)	52.8	79.9	114.9	83.4
A(℃)	13.5	19.7	17.7	16.6
K(℃)	6.4	9.9	10.5	8.6
SI(℃)	2.9	3.8	3.6	3.0
$CAPE$(J/kg)	328.6	229.8	242.3	388.1
CIN(J/kg)	142.7	197.7	225.0	192.9
$T_{850}-T_{500}$(℃)	2.7	3.6	3.6	3.7
0 ℃层到－20 ℃层厚度(m)	295.1	275.8	294.3	294.7
0 ℃层到 LCL 厚度(m)	214.3	546.9	601.5	527.7

表 2.2　强降水型、冰雹型、雷暴型、混合型四种强对流天气的环境参数均值

指标	强降水型	冰雹型	雷暴型	混合型
T_g(℃)	26.9	26.8	26.9	27.1
LI(℃)	0.1	1.8	1.5	－0.2

指标	强降水型	冰雹型	雷暴型	混合型
0 ℃层高度(m)	4591.3	4103.2	4152.3	4395.7
−20 ℃层高度(m)	7764.6	7043.7	7119.9	7438.7
LCL(m)	811.5	735.9	780.5	791.5
LFC(m)	666.2	714.4	659.9	677.8
CCL(m)	728.9	659.9	668.9	709.6
A(℃)	3.7	−6.7	−9.9	−1.0
K(℃)	33.1	23.2	23.8	29.3
SI(℃)	−0.7	1.8	1.0	−0.1
$CAPE$(J/kg)	265.4	116.3	117.5	240.7
CIN(J/kg)	147.4	135.6	148.9	158.9
$T_{850}-T_{500}$(℃)	27.1	30.3	28.8	28.4
0 ℃层到−20 ℃层厚度(m)	3173.3	2940.5	2967.6	3043.0
0 ℃层到 LCL 厚度(m)	3779.8	3367.4	3371.8	3604.2

表 2.3　强降水型、冰雹型、雷暴型、混合型四种强对流天气的环境参数占比≥70%

指标	强降水型	冰雹型	雷暴型	混合型
T_g(℃)	27.1	26.9	27.3	27.3
LI(℃)	−0.3	1.3	1.3	−0.3
0 ℃层高度(m)	4588.9	4146.0	4184.9	4419.5
−20 ℃层高度(m)	7761.1	7087.1	7112.5	7437.0
LCL(m)	813.5	736.2	783.6	794.8
LFC(m)	662.3	714.4	653.6	678.3
CCL(m)	729.7	663.8	678.3	709.5
A(℃)	4.8	−4.4	−9.0	0.5
K(℃)	33.6	24.1	24.7	30.1
SI(℃)	−0.8	1.5	0.9	−0.3
$CAPE$(J/kg)	214.2	68.5	56.4	169.7
CIN(J/kg)	132.8	110.7	116.7	134.1
$T_{850}-T_{500}$(℃)	27.1	30.5	28.9	28.4
0 ℃层到−20 ℃层厚度(m)	3160.7	2949.7	2950.0	3032.8
0 ℃层到 LCL 厚度(m)	3143.1	3412.7	3404.8	3630.6

表 2.4　强降水型、冰雹型、雷暴型、混合型四种强对流天气的环境参数最大值

指标	强降水型	冰雹型	雷暴型	混合型
T_g(℃)	38.1	35.2	36.5	41.1
LI(℃)	24.0	12.2	13.2	14.7
0 ℃层高度(m)	5910.0	4673.2	5536.5	5457.5

续表

指标	强降水型	冰雹型	雷暴型	混合型
$-20\ ℃$ 层层高度(m)	9433.1	7831.5	8677.6	9095.4
LCL(m)	892.2	854.0	890.9	990.3
LFC(m)	868.9	885.9	892.9	942.3
CCL(m)	840.0	779.0	884.0	969.0
A(℃)	22.0	15.0	19.5	22.0
K(℃)	48.0	37.0	41.0	45.0
SI(℃)	7.1	10.9	11.5	14.4
$CAPE$(J/kg)	1415.5	806.4	1131.2	2784.5
CIN(J/kg)	664.5	569.6	876.0	740.6
$T_{850}-T_{500}$(℃)	33.0	35.0	37.0	37.0
0 ℃ 层到-20 ℃ 层厚度(m)	3886.2	3323.1	3905.4	3980.4
0 ℃ 层到 LCL 厚度(m)	3564.7	3947.4	4801.9	4799.6

表 2.5　强降水型、冰雹型、雷暴型、混合型四种强对流天气的环境参数最小值

指标	强降水型	冰雹型	雷暴型	混合型
T_g(℃)	14.0	16.9	12.5	10.0
LI(℃)	-7.3	-2.5	-6.4	-6.4
0 ℃ 层高度(m)	3365.8	3020.0	2480.0	2549.0
-20 ℃ 层高度(m)	6120.0	5734.6	5610.0	5700.0
LCL(m)	687.2	614.3	610.4	565.4
LFC(m)	476.3	491.4	405.3	361.7
CCL(m)	587.0	493.0	-3.2	395.0
A(℃)	-35.0	-56.0	-71.5	-60.0
K(℃)	15.0	-1.0	-14.5	-17.0
SI(℃)	-8.1	-4.0	-6.4	-7.7
$CAPE$(J/kg)	0.0	0.0	0.0	0.0
CIN(J/kg)	0.0	0.0	0.0	0.0
$T_{850}-T_{500}$(℃)	21.0	23.0	20.0	17.0
0 ℃ 层到-20 ℃ 厚度(m)	2677.0	2447.5	2350.0	2361.9
0 ℃ 层到 LCL 厚度(m)	2897.9	2243.1	1802.3	1966.3

　　为了区分不同月份强对流天气的探空环境场,对 2008—2019 年巴彦淖尔市各种强对流天气个例进行了分类统计。其中,5 月强对流天气占 7.0%,6 月占 22.6%,7 月占 31.2%,8 月占 23.1%,9 月占 16.1%,得到如下主要结论(表 2.6~表 2.10):

　　(1)T_g、LI、A、K、SI、$T_{850}-T_{500}$ 标准差比较小,不确定性比较小,而其他物理量的标准差比较大,离散度较高,其大小的不确定性比较大。

　　(2)4 类统计值均显示,大多数探空环境参数月际变化非常明显。其中,T_g、0 ℃ 层、-20 ℃ 层、$CAPE$、CIN、$T_{850}-T_{500}$ 7 月数值明显大于 5 月和 9 月,6 月和 8 月数值介于两者之间。

(3)4 类统计值均显示，LI、SI 在 7 月数值明显小于 5 月和 9 月，6 月和 8 月数值介于两者之间。

(4)4 类统计值中，环境参数占比≥70％值反应了大多数强对流天气发生前指数的概况，参考意义较大，对于环境参数最大值和最小值，虽在强天气指数中出现的次数少，但是对于强对流天气的预报服务工作有一定的警示作用，可以防止因常规的预报经验而导致强对流天气的漏报。

表 2.6　强对流天气汛期及逐月的环境参数标准差

指标	汛期(5—9 月)	5 月	6 月	7 月	8 月	9 月
T_g(℃)	5.5	5.0	5.3	4.7	3.7	5.1
LI(℃)	3.5	2.6	2.8	2.9	2.7	4.5
0 ℃层高度(m)	574.6	442.6	466.4	400.6	367.8	497.4
−20 ℃层高度(m)	688.7	571.1	550.3	529.8	577.4	500.7
LCL(m)	64.8	69.1	76.2	57.1	45.7	75.1
LFC(m)	319.2	344.8	343.5	246.4	309.1	352.3
CCL(m)	92.8	80.5	118.4	67.9	60.9	125.3
A(℃)	17.3	18.6	16.1	15.6	14.6	23.3
K(℃)	9.6	8.8	9.6	9.0	8.2	10.4
SI(℃)	3.3	2.5	3.1	3.3	2.9	3.4
$CAPE$(J/kg)	344.0	60.2	278.4	461.0	276.7	197.2
CIN(J/kg)	196.6	193.6	208.4	206.7	197.1	107.2
$T_{850}-T_{500}$(℃)	3.6	4.6	3.7	3.8	3.2	2.8
0 ℃层到−20 ℃层厚度(m)	301.5	392.6	288.6	257.4	325.3	265.1
0 ℃层到 LCL 厚度(m)	577.9	454.2	466.0	403.4	378.3	512.5

表 2.7　强对流天气汛期及逐月的环境参数均值

指标	汛期(5—9 月)	5 月	6 月	7 月	8 月	9 月
T_g(℃)	27.0	21.9	26.7	29.7	28.4	22.9
LI(℃)	0.4	1.9	0.3	−0.9	0.0	2.4
0 ℃层高度(m)	4344.3	3663.0	4253.1	4704.4	4571.1	3852.3
−20 ℃层高度(m)	7381.3	6606.8	7202.0	7748.7	7717.9	6901.9
LCL(m)	789.3	779.2	776.2	787.7	803.6	797.9
LFC(m)	673.4	657.7	720.7	653.5	653.0	687.5
CCL(m)	699.0	710.8	690.0	700.3	701.6	706.2
A(℃)	−3.1	−6.3	−1.7	−3.5	−0.9	−5.1
K(℃)	28.1	23.3	27.1	29.7	30.1	26.5
SI(℃)	0.2	2.1	0.3	−0.7	−0.2	1.1
$CAPE$(J/kg)	205.1	33.7	159.4	353.8	193.5	91.4
CIN(J/kg)	153.5	122.0	134.4	208.9	175.5	69.7
$T_{850}-T_{500}$(℃)	28.4	28.3	28.8	28.8	27.9	27.6
0 ℃层到−20 ℃层厚度(m)	3037.0	2943.8	2948.9	3044.3	3146.8	3049.7
0 ℃层到 LCL 厚度(m)	3555.0	2883.8	3476.9	3916.7	3767.5	3054.4

表 2.8　强对流天气汛期及逐月的环境参数占比≥70%

指标	汛期(5—9 月)	5 月	6 月	7 月	8 月	9 月
T_g(℃)	27.3	22.1	26.9	29.8	28.7	22.9
LI(℃)	0.1	1.8	0.1	−1.1	−0.1	1.9
0 ℃层高度(m)	4365.2	3655.7	4290.1	4696.3	4555.6	3849.9
−20 ℃层层高度(m)	7382.8	6596.2	7217.3	7722.1	7699.8	6879.1
LCL(m)	793.1	782.0	777.7	789.9	806.1	804.8
LFC(m)	672.5	660.4	723.5	652.8	647.8	687.6
CCL(m)	702.0	709.4	694.7	699.1	703.2	718.0
A(℃)	−1.6	−5.6	−0.2	−2.6	0.2	−2.7
K(℃)	29.0	23.7	28.3	30.4	30.7	27.9
SI(℃)	0.0	2.1	0.0	−1.0	−0.2	0.7
$CAPE$(J/kg)	141.2	26.6	108.7	281.7	148.8	53.1
CIN(J/kg)	126.5	106.0	101.2	190.4	154.4	54.1
$T_{850}-T_{500}$(℃)	28.4	28.3	28.8	28.9	28.0	27.5
0 ℃层到−20 ℃层厚度(m)	3024.8	2928.7	2946.5	3032.0	3136.8	3039.0
0 ℃层到 LCL 厚度(m)	3577.2	2879.9	3515.6	3907.2	3753.8	3052.6

表 2.9　强对流天气汛期及逐月的环境参数最大值

指标	全年	5 月	6 月	7 月	8 月	9 月
T_g(℃)	41.1	29.4	36.5	41.1	35.0	33.0
LI(℃)	24.0	9.5	14.7	10.3	6.6	24.0
0 ℃层高度(m)	5910.0	4479.4	5084.7	5910.0	5498.6	5351.8
−20 ℃层高度(m)	9433.1	7733.5	8362.0	9433.1	9070.0	8438.0
LCL(m)	990.3	880.6	990.3	943.7	881.7	900.0
LFC(m)	942.3	878.6	942.3	893.9	891.9	897.9
CCL(m)	969.0	879.0	969.0	890.0	840.0	900.0
A(℃)	22.0	19.1	20.0	19.0	22.0	22.0
K(℃)	48.0	36.3	42.0	48.0	45.0	40.0
SI(℃)	14.4	7.6	14.4	10.3	7.1	10.9
$CAPE$(J/kg)	2784.5	236.8	1952.9	2784.5	1191.5	1086.8
CIN(J/kg)	876.0	628.5	876.0	722.8	730.6	391.3
$T_{850}-T_{500}$(℃)	37.0	35.0	37.0	37.0	35.0	35.0
0 ℃层到−20 ℃层厚度(m)	3980.4	3803.7	3577.6	3878.1	3980.4	3644.1
0 ℃层到 LCL 厚度(m)	5092.4	3680.1	4282.8	5092.4	4811.4	4547.0

表 2.10　强对流天气汛期及逐月的环境参数最小值

指标	全年	5 月	6 月	7 月	8 月	9 月
T_g(℃)	10.0	10.0	13.5	16.5	16.2	10.0
LI(℃)	−7.3	−3.5	−6.1	−7.3	−5.7	−4.8
0 ℃层高度(m)	2480.0	3020.0	2549.0	3808.9	3789.3	2480.0

续表

指标	全年	5月	6月	7月	8月	9月
-20 ℃层高度(m)	5610.0	5734.6	5700.0	6698.3	6713.2	5955.7
LCL(m)	565.4	610.4	582.7	565.4	684.5	586.7
LFC(m)	361.7	405.3	487.8	361.7	476.7	476.3
CCL(m)	-3.2	575.0	2.8	458.0	395.0	-3.2
A(℃)	-71.5	-48.1	-59.0	-46.0	-47.0	-71.5
K(℃)	-17.0	2.0	-17.0	1.0	-12.0	-14.5
SI(℃)	-8.1	-3.2	-7.7	-8.1	-7.7	-4.2
CAPE(J/kg)	0.0	0.0	0.0	0.0	0.0	0.0
CIN(J/kg)	0.0	0.0	0.0	0.0	0.0	0.0
$T_{850}-T_{500}$(℃)	17.0	20.0	22.0	17.0	20.0	22.0
0 ℃层到-20 ℃层厚度(m)	2350.0	2447.5	2350.0	2558.5	2539.0	2598.3
0 ℃层到 LCL 厚度(m)	1802.3	2182.0	1966.3	2956.1	2934.3	1802.3

2.3.4 T-lnP 图在强对流天气中的应用

2.3.4.1 探空的代表性问题和订正[5]

在进行强对流天气分析和预报时,大气垂直稳定度、水汽和垂直风切变等要素的变化主要根据探空资料进行分析。在我国探空站平均距离间隔 200~300 km,一般情况下探测时间间隔 12 h,时空分辨率较粗。为了使探空数据对于某一次对流天气具有较好的指示性,应该遵循临近原则,时间上一般不超过对流发生前的 4 h,空间上与对流发生地的距离不超过 150 km。

08 时和 20 时的探空资料,在大多数情况下不能真实体现对流发生时的大气环境条件。08 时的探空资料只是表明了清晨大气的瞬时状态,而午后的大气状况可能会发生显著的变化。多数对流发生在午后到傍晚之间,这显然与大气层结的日变化有密切的关系。假定早上 08 时探空状态保持不变,判断下午和傍晚的对流潜势是很困难的,误判的可能性很大。解决上述问题的办法是对上述探空资料进行订正,一般有如下两种订正方法。

(1)将起始抬升高度定在逆温层顶,其隐含的物理意义是对流开始时,逆温层已消失。

(2)用当天预报的最高气温对探空时的地面温度进行订正,抬升高度从订正后的地面温度开始计算。其隐含的物理意义是:近地面气块是对流过程的主体,而且对流发生在地面温度最高的最不稳定时刻。这种办法虽然存在夸大 CAPE 值的可能性,但经验表明,它可能是一种比较好的订正方法。

以上两种订正方法实际上是假定没有明显的平流过程,当天温度和湿度的变化主要由于大气边界层的日变化。但在有天气系统过境导致的平流过程比较明显时,这种订正方法往往不能反映真实大气的演变情况。

2.3.4.2 逆温在强对流天气中的作用

预报中除了要注意分析不稳定层结外,还要注意分析底层稳定层结,尤其要关注逆温层、等温层的分析。通常气象上把温度不随高度变化的大气层称为等温层,而把温度随高度升高而增加的大气层称为逆温层。就热力学角度而言,等温层和逆温层都是稳定层,表示大气层结稳定。逆温层具有抑制对流发展的作用,同时也使水汽和能量在低层聚集。夏季地面加热,一且逆温层结被破坏,底层的能量释放,有利于强对流天气的发生。

分析巴彦淖尔市对流天气发生前的探空资料,有一半的天气个例出现逆温现象,且大部分为辐射逆温。辐射逆温是由于地表面强烈辐射冷却而造成的逆温,一般厚度不大,自地面起向上达几十米至几百米,逆温层下限与下垫面接触,湿度大,而逆温层顶由于稳定层结阻碍水汽向上输送,湿度较小。巴彦淖尔市辐射逆温的逆温层顶一般在 850 hPa 附近,厚度从几十米到500 m,部分可达 1 km 左右,逆温层强度为 0~5 ℃。逆温层的存在阻碍了热量及水汽的垂直交换,就使低层变得更暖更湿,高层相对地变得更冷更干。因此,不稳定能量就大量贮藏起来,为强对流天气的发生提供了不稳定能量。

2.3.4.3　垂直风在强对流天气中的作用

(1)冷暖平流

针对巴彦淖尔市探空资料各高度层的风向、风速做了对比分析,结果表明:降水发生前,冷平流和暖平流均可能存在,但暖平流出现频率要明显多于冷平流;当降水持续一段时间后,若整层出现冷平流,风向随高度逆时针旋转,则降水趋于减弱并结束;若出现暖平流时,风向随高度顺时针旋转,暖平流大部分在近地层到 600 hPa 之间,最高可达 500~300 hPa,相对应的降水强度也较强;若暖平流之上有冷平流,冷暖平流的存在增强了大气的不稳定性,尤其在午后容易出现短时强降水等强对流天气。

(2)垂直风切变

垂直风切变是环境风的垂直切变,即水平风随高度的变化。垂直风切变对强对流天气的作用:一是能够使上升气流倾斜,降水粒子能够脱离上升气流,不会因拖拽作用减弱上升气流的浮力;二是可以增强中层干冷空气的吸入,加强风暴中的下沉气流和低层冷空气外流,再通过强迫抬升使得流入的暖湿气流更加强烈地上升,从而使对流天气加强;三是通过环境垂直风切变和上升气流的相互作用提供一附加向上的扰动气压梯度力,从而使气块获得除浮力以外的向上加速度[6]。

比较常用的两个参数是深层垂直风切变和低层垂直风切变。深层垂直风切变指的是 0~6 km 高度的风矢量之差的绝对值,低层垂直风切变指的是 0~1 km 高度的风矢量之差的绝对值。统计分析表明:环境水平风向风速的垂直切变的大小往往和形成风暴的强弱密切相关。在给定湿度、不稳定性及抬升的深厚湿对流中,垂直风切变对对流性风暴组织和特征的影响最大。一般来说,在一定的热力不稳定条件下,垂直风切变的增强将导致风暴进一步加强和发展。

通常用地面到地面以上 6 km 高度的风矢量差来表示深层垂直风切变。如果该风矢量差小于 15 m/s,则判定为较弱垂直风切变;若该风矢量差大于等于 15 m/s 而小于 20 m/s,则判定为中等以上垂直风切变;若该值大于等于 20 m/s,则判定为强垂直风切变。上述判据只适合于中高纬度地区暖季(4—9 月)。需要指出,用地面至 6 km 风矢量差表示垂直风切变只是一种很粗略的方式,具体到每个例子要分析具体的风廓线,有时虽然 0~6 km 风矢量差不大,但期间某一层(例如 850~700 hPa)具有很强的垂直风切变,也往往可以发生高组织程度的强对流(飑线或超级单体)。

2.3.4.4　强对流天气的 T-$\ln P$ 图结构特征

(1)探空结构分型

分析巴彦淖尔市强对流天气发生前的探空资料层结廓线发现,其廓线可分为漏斗型、倒 V 型、湿不稳定型和干不稳定型(图 2.9)。它们的特征分别如下。

1)漏斗型:低空较湿,中空有干层,层结廓线向上呈漏斗型;

2)倒 V 型:低空干燥,层结呈干绝热不稳定,中空有湿层,层结廓线呈倒 V 型;

3)湿不稳定型:整层大气潮湿,$T-T_d \leqslant 5\ ℃$。大气处于条件不稳定状态;

4)干不稳定型:低空干绝热不稳定,整层大气很干燥,$T-T_d > 5\ ℃$。

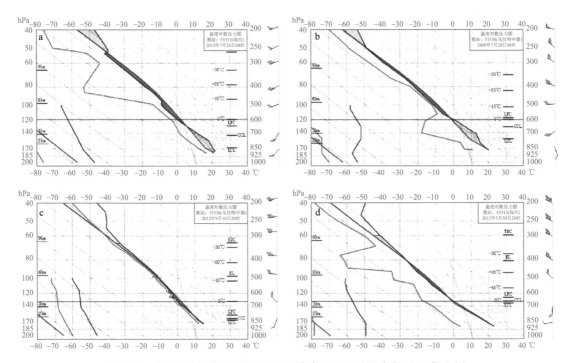

图 2.9 漏斗型(a)、倒 V 型(b)、湿不稳定型(c)、干不稳定型(d)探空图

在 2008—2019 年巴彦淖尔市的强对流天气个例中(表 2.11),以漏斗型和倒 V 型居多,其中,漏斗型占总数的 40.2%,倒 V 型占总数的 35.2%,干不稳定型占总数的 14.6%,湿不稳定型占总数的 10.1%。其中,以冰雹为主的天气中倒 V 型占比最高,为 57.1%,以雷暴大风为主的天气中漏斗型占比最高,为 39.8%,以强降水为主的天气中漏斗型占比最高,为 48.2%。

表 2.11 层结廓线在混合、冰雹、雷暴大风、强降水天气中的占比

占比(%)	漏斗型	倒 V 型	湿不稳定型	干不稳定型
强对流天气	40.2	35.2	10.1	14.6
混合(包含两种或三种天气类型)	39.5	37.5	16.5	6.0
冰雹	21.4	57.1	14.3	7.1
雷暴大风	39.8	31.5	8.3	21.3
强降水	48.2	28.6	19.6	3.6

(2)冰雹

在雷暴三要素(水汽、大气层结不稳定和抬升触发)满足的基础上,预报强冰雹(2 cm 以上)的潜势主要从以下 3 方面考虑[5]。

1)较大的 CAPE 值,或者−30 ℃层到−10 ℃层之间的 CAPE 较大(−30 ℃层到−10 ℃层是冰雹最有效增长区)。这是因为大冰雹形成和增长过程与上升气流的速度大小有关。只

有较长的持续时间、较强的上升气流,冰雹才可能长大。

2)较强的深层垂直风切变:0～6 km 垂直风切变≥20 m/s(强切变)。有利于将水平涡度转换为垂直涡度,使上升气流维持较长的时间。

3)0 ℃层(融化层)到地面的相对高度 h(注意不是绝对高度)不宜太高,一般 h<4.5 km。如果此高度太高,那么冰雹降到融化层以下会融化,到地面可能融化掉大部分或者全部融化,从而形不成大冰雹。

2013 年 7 月 21 日 08—23 时巴彦淖尔市出现阵雨或雷阵雨,最大降水量出现在乌拉特前旗黑柳子镇,为 23.2 mm。磴口县、五原县、乌拉特中旗伴有雷暴。13 时 35 分—17 时 56 分临河区、五原县、磴口县的 6 个乡镇降雹,最大直径为 0.15～0.7 cm,持续时间 5～15 min。针对此次强对流天气过程,选取乌拉特中旗探空站资料,分析 T-$\ln P$ 图特征(图 2.10)有以下几点。

1)近地层到 400 hPa 条件不稳定特征明显,对流有效位能适中,$CAPE$ 值为 654.3 J/kg;

2)600～500 hPa 相对湿度≥80%,接近饱和,700 hPa 比湿为 4 g/kg,850 hPa 比湿为 10 g/kg;

3)500 hPa 以上有干空气侵入,形成上干冷下暖湿的不稳定层结;

4)对流层中低层有较明显的垂直风切变,风速近 16 m/s,近地层到 400 hPa 风向随高度顺转明显;

5)0 ℃层高度和－20 ℃层高度适中,分别为 4.5 km 和 7.4 km 左右,0 ℃层到－20 ℃层厚度为 2.9 km,0 ℃层到 LCL(0.7 km)厚度为 3.8 km。

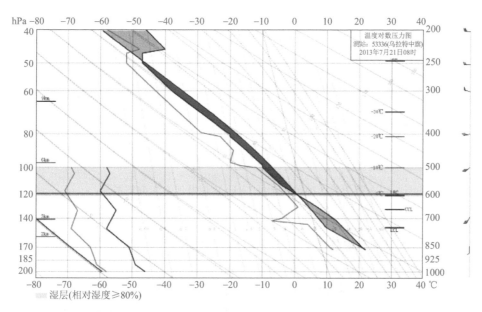

图 2.10 2013 年 7 月 21 日 08 时乌拉特中旗 T-$\ln P$ 图

(3)雷暴大风

弱的垂直风切变或者强的垂直风切变都有可能产生雷暴大风。在预报时,除了产生雷暴需要的三要素,还需要关注有利于强烈下沉气流的条件[5]。

2016 年 7 月 14 日,巴彦淖尔市大部地区出现雷阵雨,东部偏大,局地伴有冰雹、短时大风等强对流天气。124 个雨情站中有 98 个有降水,21 个降水量大于 10 mm,2 个降水量大于

25 mm,最大降水在乌拉特前旗朝阳村,为 32.3 mm,最大降水强度在额尔登布拉格苏木,为 28.1 mm/h(20 min 降水 23.8 mm)。70 个测风站中 24 个风速大于 17.2 m/s(8 级),磴口县草业基地极大风速达 26.7 m/s(10 级)。对于此次强对流天气过程,选取临河探空站资料分析 T-lnP 图特征(图 2.11):

(1)600~400 hPa 条件不稳定特征明显,对流有效位能较小,CAPE 值为 229.4 J/kg;

(2)近地面到 850Pa 相对湿度≥80%,700 hPa 比湿为 10 g/kg,850 hPa 比湿为 17 g/kg,湿层浅薄;

(3)500 hPa 以上有干空气的侵入,形成上干冷下暖湿的不稳定层结;

(4)对流层中低层有较小的垂直风切变,近 8 m/s,近地层到 500 hPa 风向随高度顺转明显;

(5)0 ℃层高度和−20 ℃层高度适中,分别为 4.5 km 和 7.3 km 左右,0 ℃层到−20 ℃层厚度为 2.8 km,0 ℃层到 LCL(0.9 km)厚度为 3.6 km。

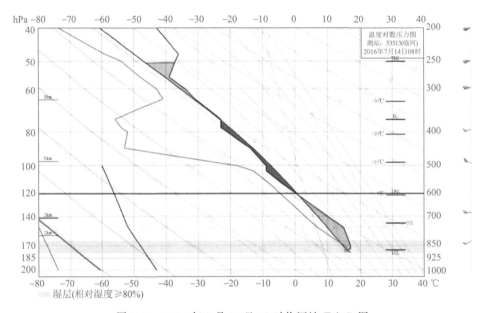

图 2.11　2016 年 7 月 14 日 08 时临河站 T-lnP 图

(4)强降水

与冰雹、雷暴大风的环境条件比较,短时强降水对 CAPE 的要求可以相对弱一些,风切变可以小一些,但是对水汽条件的要求更高,湿层厚,相对湿度和绝对湿度都高[5]。

2018 年 7 月 30 日中午到夜间乌拉特中旗、乌拉特前旗北部出现分散的阵雨,最大降水出现在乌拉特中旗乌兰强风站,为 33.6 mm,最大降水强度出现在乌拉特中旗乌兰强风站,为 20 mm/h(13—14 时)。对于此次强对流天气过程,选取乌拉特中旗探空站资料,分析 T-lnP 图特征(图 2.12)可知:

(1)700 hPa 以上条件不稳定特征明显,对流有效位能适中,CAPE 值为 467.5 J/kg;

(2)500 hPa 以下相对湿度≥80%,接近饱和,700 hPa 比湿 13 g/kg,850 hPa 比湿 16 g/kg,湿层深厚;

(3)500 hPa 以上有干空气的侵入,形成上干冷下暖湿的不稳定层结;

（4）整层风速较小，风速随高度的变化不大；

（5）0 ℃层高度和−20 ℃层高度都较高，分别为 5.9 km 和 9.2 km 左右，0 ℃层到−20 ℃层厚度为 3.3 km，0 ℃层到 LCL（0.8 km）厚度为 5.1 km。

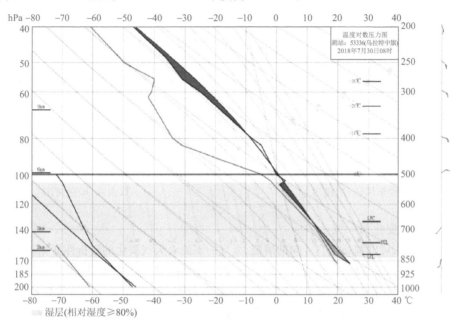

图 2.12　2018 年 7 月 30 日 08 时乌拉特中旗站 $T\text{-}\ln P$ 图

2.3.5　$V\text{-}3\theta$ 在强对流天气中的应用

2.3.5.1　大气风矢量 V 与大气滚流

（1）风矢（方向）滚流

按北半球分别给出图 2.13、图 2.14 方向的上下配置的典型情况。滚流形式可分为两类，即顺时针滚流和逆时针滚流。其中，图 2.13 分别给出了低空为东风、高空为西风（图 2.13a）以及低空南风、高空为北风（图 2.13b）的顺滚流。图 2.14 中分别给出了低空为西风、高空为东风（图 2.14a）以及低空为北风、高空为南风（图 2.14b）的逆滚流。

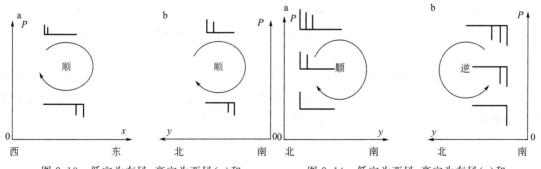

图 2.13　低空为东风、高空为西风(a)和低空为南风、高空为北风(b)的顺滚流图

图 2.14　低空为西风、高空为东风(a)和低空为北风、高空为南风(b)的逆滚流图

（2）风速不均匀滚流

风速不均匀是指风的方向一致条件下，因风速的垂直方向的分布不均匀（按一般情况的风速

随高度增加而加大的情况给出的不均匀)给出了"顺滚流、逆滚流"的基本特征。其中,图2.15是一致西风随高度加大为顺滚流(图2.15a),一致东风随高度加大为逆滚流(图2.15b)。图2.16是一致北风随高度加大为顺滚流(图2.16a),一致南风随高度加大为逆滚流(图2.15b)。

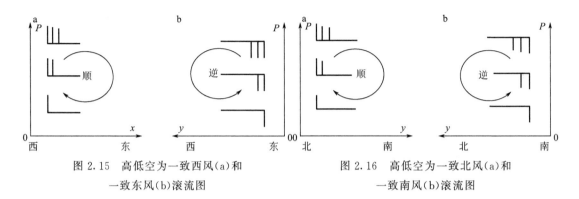

图 2.15　高低空为一致西风(a)和
一致东风(b)滚流图

图 2.16　高低空为一致北风(a)和
一致南风(b)滚流图

（3）大气滚流变化与天气

根据风矢量 V,可以判断垂直方向的滚流,大气的滚流对天气演化的转折性变化非常重要,大气滚流变化先于水平涡旋变化,可用于天气转折性变化的预测,甚至可以说,把握住滚流,就基本上把握住天气系统的转折性变化。顺滚流为好天气转坏天气的标志,逆滚流为坏天气转好天气的标志。顺滚流可以理解为:北半球中、低层大气(700 hPa)为偏南风(包括西南、东南风)或临近海洋的东风,高层大气(500 hPa 以上)为西到西北风,代表了冷空气来袭时大气低层到高层的风场配置。

2.3.5.2　V-3θ 图的特点

V-3θ 图(图2.17)中的 3θ 为 θ,θ_{sed} 和 θ^*。其中,θ 是位温,θ_{sed} 是以露点温度计算的假相当位温,θ^* 是假定饱和状态下的位温。V-3θ 图具有以下特征:

（1）大气稳定度

涡旋是流体团的旋转运动,次涡旋通常在主涡旋接触下垫面后一成,数量为2～5个,围绕主涡旋旋转且不易通过观察辨别。非均匀不连续性是次涡旋发生、发展的征兆,灾害性天气均发生在次涡旋中。非均匀在 V-3θ 图表现为对流层大气中、低空的 3 条 θ 曲线略趋向左倾,尤其以 θ_{sed},θ^* 曲线的左倾较为明显,并可以达到与 T 轴成钝角的程度,即 3θ 值随 P 的减小或不变,气层处于非均匀结构,相当于气层的不稳定,一般左倾高度可达 600～400 hPa。反之为均匀结构,相当于稳定气层。至于中、高层大气 V-3θ 图中的 3 条 θ 曲线趋于一致或重合,则与高层大气水汽偏少有关。

（2）超低温作用

超低温是大气结构的重要信息,是对流层顶平流层底附近(300～100 hPa)θ 随 P 的减少变率陡然改变的现象,灾害天气前的 V-3θ 图中可以看到附近会出现陡然左倾,或准垂直于 T 轴或右倾中有拐角者,则表示附近有超低温存在。这种现象的重要意义在于出现于灾害性天气前,并决定灾害性质;用有无超低温现象能有效的预测强对流天气。

（3）θ_{sed} 线与 θ^* 的相互作用

若 θ_{sed} 线和 θ^* 线靠近,表明该处层结湿度大,否则为干燥;若 θ_{sed} 线和 θ^* 线趋于重合,且左倾,表明该处存在冷层云,右倾为暖层云,当 θ_{sed} 线和 θ^* 线多处重合且折拐,表示上空有积云、层云同时存在。

2013 年 7 月 21 日 08—23 时巴彦淖尔市出现阵雨或雷阵雨,最大降水量出现在乌拉特前

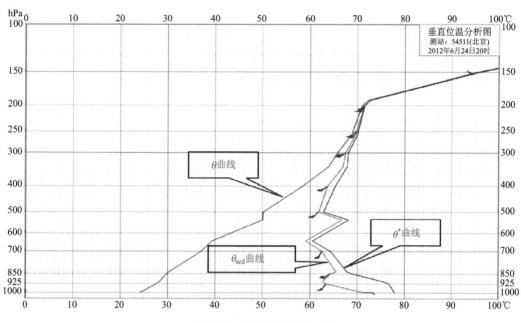

图 2.17 V-3θ 分析示意图

旗黑柳子镇,为 23.2 mm。磴口县、五原县、乌拉特中旗伴有雷暴。13 时 35 分—17 时 56 分临河区、五原县、磴口县的 6 个乡镇出现冰雹,直径 0.15～0.7 cm,持续时间 5～15 min。

选取乌拉特中旗探空站 21 日 08 时资料,分析 V-3θ 图特征(图 2.18)。

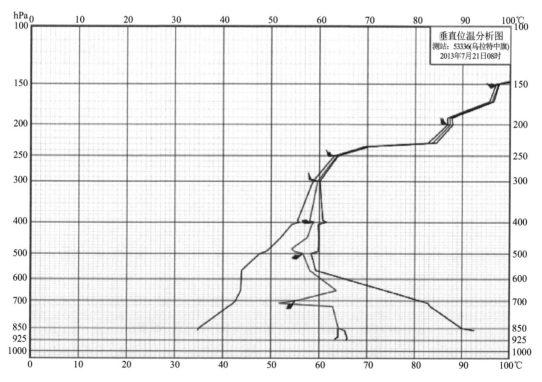

图 2.18 2013 年 7 月 21 日 08 时乌拉特中旗垂直位温图

(1)近地层到 700 hPa 为偏南风,400 hPa 为偏西风,已构成顺滚流;

(2)θ_{sed}和θ^*线呈整体性向左弯曲或多曲折式向左突出,表明存在积云,大气层结不稳定;

(3)600 hPa以下θ_{sed}和θ^*线的距离较远,表明湿度条件较差;

(4)250 hPa附近θ线有一左拐点,表明超低温较弱;

(5)500 hPa以下的偏南风使对流层中低层的水汽上升,云顶将升高,云层加厚,预测未来天气将转坏。

2012年7月27日午后到傍晚,巴彦淖尔市大部地区出现雷暴、短时强降水天气,最大降水强度出现在杭锦后旗二道桥镇,为61.2 mm/h(16—17时)。

选取临河探空站27日08时资料分析V-3θ图特征(图2.19),有以下几点。

(1)近地层到700 hPa为东南风,500 hPa为西南风,已构成顺滚流;

(2)θ_{sed}和θ^*线呈整体性向左弯曲或中低空多曲折式向左突出,表明存在积云和层云,大气层结不稳定;

(3)θ_{sed}和θ^*线的距离相对较近,说明水汽条件较好;

(4)在270 hPa附近θ线有一左拐点,说明有一薄层超低温层,显示大气垂直结构不稳定,并蕴含不稳定能量,它相当于一个冷盖,预示着将有强对流天气发生;

(5)700 hPa以下风速较小,但结合前几点,预测未来天气有转坏的趋势。

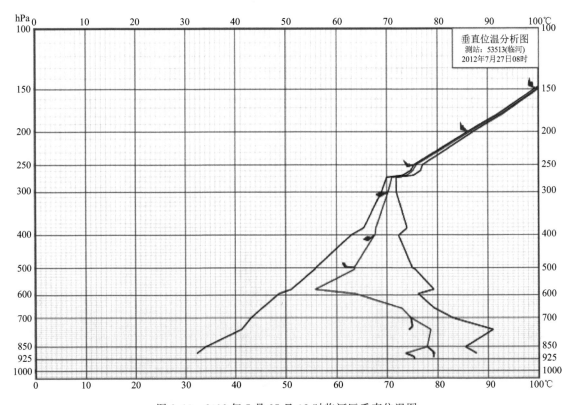

图2.19 2012年7月27日08时临河区垂直位温图

2.4 小结

本章对巴彦淖尔市形成强对流天气的条件,强对流天气的主要天气系统进行总结,同时,总结了温度-对数压力图在强对流天气预报分析中的应用。

在巴彦淖尔市能够提供水汽输送的天气系统主要有低空急流和切变线,水汽主要来源于孟加拉湾和南海。形成不稳定的天气系统主要是高空槽及低(冷)涡,在巴彦淖尔市低空急流和切变线导致的"上冷下暖"或"上干下湿"的不稳定层结也是发生对流天气的原因之一。在对流不稳定条件下,需要一定的抬升条件对流才能发生。槽线、切变线、低空低涡、高低空急流、锋面等天气系统是造成抬升运动的主要因素,低空流场中风向和风速的辐合线、负变高或负变压中心区也可产生抬升作用,也有局地热力抬升作用造成的热雷暴,此外,地形的抬升作用也可以触发或加强对流的发展。

巴彦淖尔市强对流天气发生的主要天气系统有高空槽、切变线、冷涡、锋面气旋、副热带高压、高低空急流、台风等;易产生强对流天气的高低空配置主要有前倾槽、阶梯槽和后倾槽。

同时,对发生在巴彦淖尔市的强天气按照天气类型(强降水型、冰雹型、雷暴型、混合型)、时间(汛期、5—9 月逐月)、结构特征(漏斗型、倒 V 型、干不稳定型和湿不稳定型)分为三大类,并对强天气发生前的探空物理量指标、逆温、垂直风切变、探空结构类型在强对流天气中的表现特征,及 V-3θ 在强对流天气中的应用进行了总结。

第3章 强对流天气的中尺度分析

3.1 地形对强对流天气的影响

3.1.1 巴彦淖尔市地形地貌概述

巴彦淖尔市北部为乌拉特草原,中部为阴山山地,南部为河套平原。乌拉特草原南接阴山山地,北连蒙古国草原,面积 30600 多平方千米,约占全市总面积的 47%,地势由南向北倾斜,是天然的草牧场;阴山山地横亘于河套平原与乌拉特草原之间,由西向东分布有高山丘陵,其北坡平缓,南坡陡峭,像一道屏障立于河套平原之北,面积近 19100 平方千米,占全市面积的 29%;河套平原耕地平坦,南有黄河滋润,面积近 15900 平方千米,占全市总面积 24%。(如图 3.1)

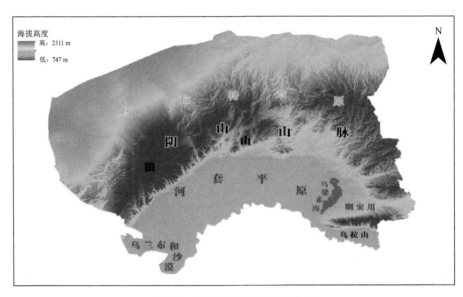

图 3.1 巴彦淖尔市地形地貌图

3.1.2 地形的热力作用

(1)地形热力环流

近地面大气的加热机制,主要是通过太阳辐射加热地面和地面再加热大气的结果。由于地形坡度的存在,往往造成低层大气的水平热力分布不均匀,在午后山前形成较强的水平温度梯度,并形成吹向山坡的上坡风,形成抬升机制而触发对流。因此,山区局地热对流往往发生在午后至傍晚前后。如果大气环境有利于强对流发展,就有可能演变为冰雹、雷暴大风等强对流天气的源地。需要特别注意的是,在分析地形是否能够产生这种温度梯度时,一般利用低空的实际气温垂直递减率对分布在不同地形高度上的观测站点进行温度订正,即订正在同一水平面,再对水平温度梯度进行分析。

（2）地形对局地热力层结的影响

假设有如图 3.2 的层结曲线分布(S),H 是 P 山坡上某一地点对应的 p 坐标高度。其中,地面比湿值(A 点)对应的等饱和比湿线与层结曲线的交点称之为对流凝结高度（CCL）；假定近地面层的水汽分布是相对均匀并接近于饱和状态,那么两个水平距离不远、海拔高度不同的测站之间的地面比湿处于同一条等饱和比湿线上,即它们的对流凝结高度(C 点）相同。从对流凝结高度沿干绝热线下降到地面对应的温度为对流温度（CCT）,对于海拔高度为 H 的测站,对流温度对应于 A_3,低海拔高度的测站对应于 A_2。当白天气温达到对流温度时,近地面空气将沿干绝热线上升至对流凝结高度,然后沿湿绝热线继续上升,形成对流。从图 3.2 上可以看到,位于高海拔测站要求的"对流温度"更低,而在晴空背景下,山坡上的实际气温有时甚至比低海拔的平原地区更高,因此,在晴空的午后,山区比平原地区更容易形成热对流。

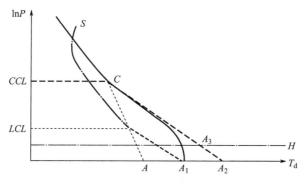

图 3.2 CCL 示意图

另一方面,由于地形的阻挡作用,低层水汽更容易在山前堆积,形成低空水汽积累,山前地区的水汽垂直梯度比远离山区的平原地区更强,形成更强的热力不稳定层结。

夏季午后陆地表面受日射而强烈加热,常常在近地表形成绝对不稳定层结,使对流容易发展。由这种热力抬升作用为主造成的雷暴,称为"热雷暴"。热力作用的强弱取决于局地加热的程度,即最高温度的高低。

（3）近地层加热的不均匀性

有时候近地面层加热不匀,也能触发对流的生成。卫星云图显示,在早晨有雾或层云覆盖的地区内,午后不会有对流生成。相反,在云区周围的边界地区,如在早晨是晴空的地区,则午后却会出现积雨云和雷暴,其作用同低空海陆风的环流圈的生成相似。在早晨有云层覆盖的区域,白天近地层的加热比四周无云区要慢,因而空气温度比四周要低一些。冷暖空气之间形成一个垂直环流圈。在云区的边界处出现上升运动,可以触发位势不稳定能量的释放。

例如 2020 年 8 月 24 日午后巴彦淖尔市出现热对流天气（图 3.3）。由于上午全市多为晴空区,有利于辐射增温,午后西部地区最高气温上升至 28～30 ℃,14 时左右乌拉特后旗西南部、磴口县北部在天气雷达上出现块状回波,并持续向东南方向移动；16 时左右,雷达回波持续加强,杭锦后旗南部最大回波强度达到 55 dBZ,14—17 时在巴彦淖尔市的西南部地区出现雷阵雨天气。

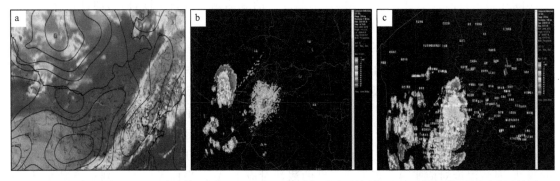

图 3.3　2020 年 8 月 24 日 08 时红外云图(a)、14 时 32 分天气雷达回波图(b)、16 时 13 分天气雷达回波图(c)

3.1.3　地形的动力作用

在大尺度的上升运动区域内,如果有小的山丘存在,则这种山丘造成的地形上升运动可以加强大尺度的上升运动。地形对上升运动的作用除地形抬升外,还可以产生准定常的辐合区或背风波,均可对不稳定能量起触发作用(强迫抬升作用、触发作用等)。山地产生的抬升作用是强对流天气的重要触发机制之一。抬升速度的大小取决于风向风速、风的垂直分布结构和山脉的走向、坡度。低空风速越大,风向越垂直于山脉走向,地形产生的强迫抬升作用就越强。

(1)地形的迎风坡效应造成的抬升作用

地形的存在,不仅改变了近地面层气流的分布,同时也改变了热力状况的水平分布。因此,地形在强对流天气酝酿、发生、发展与传播过程中,具有非常重要的作用。在巴彦淖尔市,山区和丘陵地带是短时强降水或大冰雹事件的高发区。例如,2018 年 7 月 19 日在巴彦淖尔市出现的一次强降水天气过程。受副热带高压西伸北抬影响,从 18 日夜间开始,除磴口县、杭锦后旗外大部地区出现明显降水,5 个站出现大暴雨。其中,乌拉特中旗德岭山镇降水 113 mm,有两个时段出现短时强降水:19 日 06—07 时降水 51.7 mm,08—09 时降水 38.5 mm。乌拉特中旗德岭山镇处于阴山南侧,以高山和丘陵为主。据 7 月 19 日 05 时 31 分鄂尔多斯东胜站雷达回波显示,回波整体东北方向移动,德岭山以南无明显强回波影响,0.5 h 后,雷达回波在德岭山加强,06 时 31 分雷达回波强度达 55 dBZ(图 3.4),并维持将近 1 h。

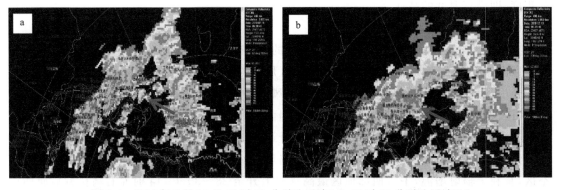

图 3.4　2018 年 7 月 19 日 05 时 31 分雷达回波(a)、06 时 31 分雷达回波(b)

(2)地形的背风波效应造成的抬升运动

气流越过山脊时,有时会产生背风波,这实际上是地形强迫出来的一种重力波,这种波动可以影响到较高的高度。背风波产生的上升运动往往造成山谷或在山区与平原的交界区域出现新生对流。例如 2020 年 7 月 4 日的一次飑线过程,16 时 30 分有云系覆盖在乌拉特后旗,最大回波强度为 30 dBZ;随着主体云系下阴山,雷达回波进一步加强,17 时 01 分雷达图显示,有明显飑线形成,并伴有短时大风、冰雹等强对流天气。在 18 时 10 分基本反射率图上有阵风锋出现(图 3.5)。

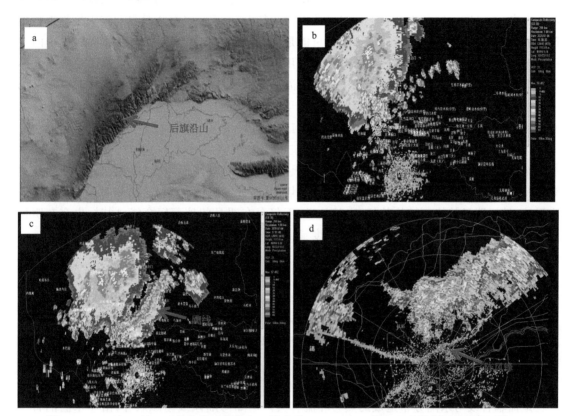

图 3.5　2020 年 7 月 4 日乌拉特后旗阴山一带地形(a)、16 时 30 分组合反射率因子雷达回波(b)、17 时 01 分组合反射率因子雷达回波(c)、18 时 10 分基本反射率雷达回波(d)

(3)地形对局地垂直风切变的影响

假设基本气流的方向垂直于山体的脊线,由于地形的阻滞作用,山前的水平风速将迅速减小甚至出现较大范围的"死水区"(水平风速接近于零),而"死水区"以上则出现气流加速现象。因此,地形的存在将加强水平风速的低空垂直切变,这也是山区容易激发出强对流单体可能的动力学原因之一。

(4)谷地对局地强对流天气的影响

地形的引导或制约作用还将改变地面中尺度流场,产生汇流、狭管效应等。汇流是指由于山河谷的引导使得两支或多支气流在某处交汇而辐合上升。当气流由开阔地带流入地形构成的峡谷时,由于空气大量堆积,于是加速流过峡谷;当流出峡谷时,空气流速又会减慢,这种地形峡谷对气流的影响,称为狭管效应。流场的改变会引起辐合辐散,有时狭管效应会引导冷空气在某些地方加速渗透,率先受到冷空气的影响。同时风吹向喇叭口造成气流辐合,也会产生动力抬升[4]。巴彦淖尔市乌拉特前旗中部的明安川位于白云查汗山与乌拉山之间(图 3.1)。经多年强对流天气资料统计,在明安川附近存在明显的狭管效应,易造成持续性降水。

3.2 地面自动站网观测资料在强对流天气中的应用

3.2.1 地面辐合线的分析应用

近年来,随着高时空分辨率的地面自动站网建立,使得地面要素的一些中尺度特征被逐渐揭示出来,中尺度特征分析受到了预报员的重视。其中,地面流场分析是强对流天气临近预报预警的关键环节,这是由于地面辐合线有可能是天气尺度或中尺度天气系统在边界层内的一种体现,对强对流的发生过程起到抬升触发作用和对流系统组织作用。但是地面辐合线并不是一个孤立的天气系统,它极可能是中尺度对流系统的触发因子,这类地面辐合线具有很强的预报指示意义,也可能是强对流过程的伴随因子,这类地面辐合线对短时预报而言,指示意义并不明确。地面辐合线形成的物理原因主要与以下五种情况有关:

(1)地面辐合线与天气尺度系统的关系

有些地面辐合线是天气尺度系统在地面上的反映。例如锋面系统(冷锋、暖锋、准静锋止等)在地面流场上一般表现为风向上的辐合或切变,这类地面辐合线是一类相对深厚的天气尺度系统,呈现明显的锋面结构特征,也就是说,不仅存在明显的地面辐合线,同时,也存在明显的露点温度梯度、气压或变压梯度以及温度梯度等。

(2)地面辐合线与地形热力作用的关系

由于夜间山坡气温下降迅速,造成山坡上的气温明显低于平原地区,热力差异形成由山区吹向平原的"山风"。因此,我们常常可以看到在半夜前后至早晨前后,山区与平原的交界区域形成一条明显的地面辐合线;在午后,形成由平原吹向山区的"谷风",也可能形成地面辐合线。山谷风环流的垂直高度与地形高度有关,水平尺度与地形长度有关。地面辐合线往往是山区生成中尺度热对流系统的动力强迫因子。

(3)地面辐合线与水陆分布的关系

地面辐合线与水陆分布造成的热力环流有关。例如海陆风或湖陆风等,由于水温的日变化幅度远远低于陆地气温的变化幅度,从而形成了海(湖)陆温差,而温度梯度的存在必然强迫流场发生变化。夏季,由于夜间陆地降温明显,形成由陆地吹向洋面或湖面的风(即陆风),午后陆地气温上升幅度很快,造成陆地与洋面或湖面形成强烈的温度梯度,形成吹向陆地的风,即海风或湖风形成的地面辐合线。利用高分辨率的数值预报模式能够很好地模拟这种物理过程。

(4)地面辐合线与陆地非均匀加热的关系

地面辐合线与陆地非均匀加热过程形成的温度梯度、地表粗糙度等有关,例如城市环流等。

(5)地面辐合线与中尺度对流系统的关系

地面辐合线与中尺度对流系统本身造成的辐合线有关。这类地面辐合线是强对流系统发生、发展和传播过程的伴随现象。例如:对流活动形成的冷池出流与环境风场必然产生强烈的风速辐合,形成中尺度地面辐合线;另外,在中尺度对流系统发生发展时期,由于气流的补偿作用,地面也可以看到中尺度辐合线或中尺度气旋(图 3.6)。

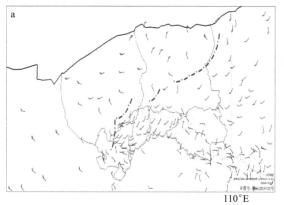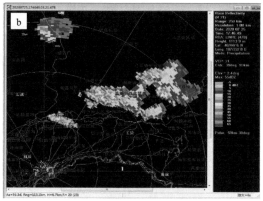

图 3.6　2020 年 7 月 25 日 17 时 46 分巴彦淖尔市地面风矢量图(a)及多普勒天气雷达图(b)

3.2.2　地面自动站网观测资料在强对流天气中的分析和预报

3.2.2.1　地面自动站网观测资料在强对流天气分析和预报中的应用

作为中尺度监测网重要的组成部分,地面自动观测站网(地面自动气象站、自动雨量站、地面强风站),包括二要素、四要素、六要素及多要素气象自动观测站与其他监测设备,如风廓线仪、雷达、闪电定位仪等,为实时监测局地暴雨、雷暴、飑线等空间尺度小、发展迅速、生命史短的中小尺度天气系统演变提供了精细观测资料。基于地面自动站网资料的中尺度分析及业务应用技术,可为及时掌握灾害天气地面系统结构及演变特征、开展灾害天气的精细化分析和短临预报提供新的分析产品和技术支持。

3.2.2.2　强对流天气过程中的要素变化特征

目前,由于自动站资料在实时监测空间尺度小、发展迅速、生命史短的中小尺度天气系统(单体雷暴、多单体雷暴、飑线等)的发展演变方面提供了分钟级的精细观测资料,已获得较为广泛的应用。

以飑线为例,飑线经过测站时,常常伴随地面大风、气压涌升和温度陡降,利用地面自动站网资料可以监测到飑线过境时各种气象要素的变化。

图 3.7 为 2020 年 7 月 4 日飑线经过乌拉特后旗站气象要素变化。分析表明:飑线的阵风锋面于 17 时 20 分至 17 时 40 分过境,伴随气压升高 2 hPa,风向由偏北风转为西南风又转为偏北风,极大风速增加约 4 m/s;温度和露点温度分别下降 6 ℃和 5 ℃,表明飑线前方空气较暖,而飑线过境后有冷空气进入导致气温下降。飑线对流区通过测站期间,地面出现降水。

3.2.2.3　温湿度锋区的识别与追踪

强降水的发生与地面中尺度切变线、气旋和温度锋区关系密切。例如 2020 年 7 月 4 日巴彦淖尔市的一次强对流天气过程,最强降水区位于温度锋区处。地面温度场显示,4 日 16 时以前温度场无明显的锋区,16 时 10 分冷空气从西北入侵,出现明显温度锋区,锋区两侧的温差开始增大,17 时左右(图 3.8)在锋区附近出现降水,主要出现在乌拉特中旗巴音乌兰苏木、呼勒斯太苏木和乌拉特后旗的乌盖苏木,最大降水量 15 mm/h,显示出温度梯度锋区与地面强降水有很好的对应关系。

3.2.2.4　湿度锋区监测(露点锋)

干线最初的定义是来自墨西哥的暖湿空气西进与来自沙漠地区的干热空气相遇形成的温

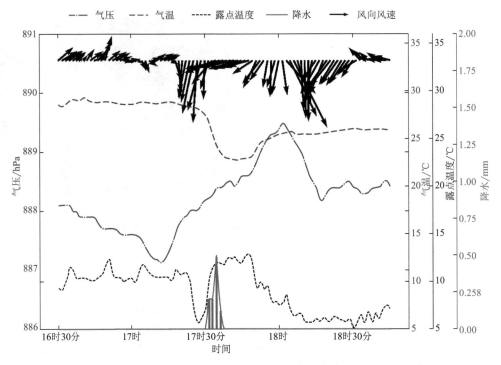

图 3.7　2020 年 7 月 4 日乌拉特后旗自动气象站气象要素随时间变化

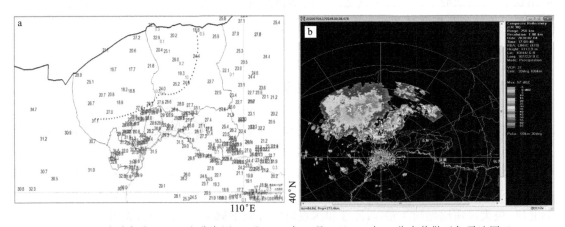

图 3.8　巴彦淖尔市地面温度分布图(a)及 2020 年 7 月 4 日 17 时 01 分多普勒天气雷达图(b)

度边界线[8]。按照美国《大气科学百科全书》后来的定义[9],干线是典型的中小尺度现象,其宽度非常小(只有 10 km 量级),不同于锋区(或锋带),所以称为"线",干线是具有自身垂直环流的中尺度系统,垂直伸展高度达 1~3 km。干线过境时单站特征不同于锋面,主要表现在以下几点:

(1)露点温度在极短时间内迅速减小(几乎是瞬间);

(2)温度变化小而且缓慢,比锋区过境小半个到一个量级;

(3)由上面两点,温度、露点温度从接近到分离,即相对湿度迅速减小。

在我国干线可以理解为露点锋或温度露点差线密集带,干线可导致强烈的对流风暴,是对流的触发机制之一。而目前布设了大量的自动气象站网,可以及时监测干线(露点锋)的形成、发展及变化特征等。例如 2020 年 8 月 1 日 14 时巴彦淖尔市露点温度变化可以看出,露点锋区位于阴山北侧(图 3.9)。锋区前后露点差 4～15 ℃,露点锋区前无降水,露点锋所经之地有 7 个站点出现降水(乌拉特中旗 2 个站点,乌拉特后旗 5 个站点,最大降水量 2.0 mm)。

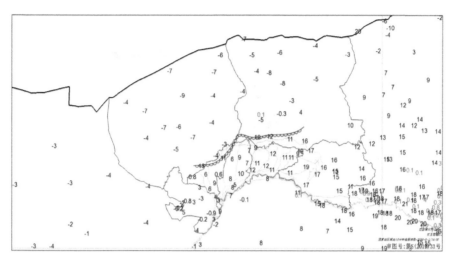

图 3.9　2020 年 8 月 1 日 14 巴彦淖尔市地面温度露点差(黑)及降水量(绿)分布图

3.2.3　自动站网资料应用的注意事项

目前,强对流天气监测技术方面的挑战之一就是强对流天气观测资料(自动站网和雷达资料)的质量控制、资料的时效性和可靠性等。

短时强降水、大风、冰雹和龙卷的监测是强对流天气监测的重点,资料来源主要是常规地面观测资料、天气雷达监测资料和乡镇助理员提供的天气报告。为了提高短时强降水和大风监测产品的时空分辨率,可使用自动站网资料进行监测。由于自动站网降水观测资料易于出现一些错误观测数据,因此,需要对该资料进行质量控制以提高可用性;自动站网没有雷暴观测,仅仅根据自动站网资料很难直接判断观测到的大风数据(≥8 级风)是否是雷暴大风。因此,结合新一代天气雷达、气象卫星云图实时观测资料及地闪资料等,可提高监测的可靠性,从而发展基于地面实时观测资料的短时外推法和订正预报,开展灾害天气监测和短时临近预报。

3.3　强对流风暴的平移与传播机制

3.3.1　中尺度对流系统平移和传播

中尺度对流系统平移是指当雷暴单体生成后,单体跟随环境风的方向而移动。在雷达回波上通常表现为与风暴承载层的平均风速(一般取 700 hPa 风)一致,其移速小于环境风速。这种移动主要出现在环境风很强的时候。

而中尺度对流系统的传播是指对流系统的新生、新老的更替。当环境气流弱时,风暴运动主要取决于传播,传播方向即新生单体的方向。关于传播,实际工作中最为常见的是冷出流触发所导致的新生单体(图 3.10)。冷出流触发是指对流形成的冷池边缘出现强烈的上升运动,其前侧的不饱和暖湿气流的流入加强了上升运动,在这种抬升作用下气流变为饱和并产生新的对流,进一步加强了冷池强度。同时,由于阵风锋移动速度快于环境风速,导致上升气流向冷池倾斜而出现两个对流中心并被两者之间的下沉补偿气流分割出一个全新的单体,同时阻止了对流单体前部的暖湿气流进入原来的对流单体里面造成"老单体"减弱。这样,原来的单体逐渐死亡、新单体逐渐发展并替代原来单体,这种"新陈代谢"过程的循环便形成了对流单体的传播过程。

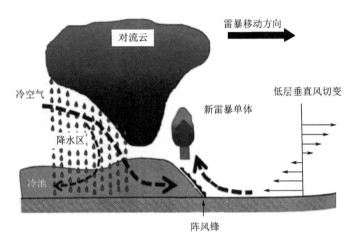

图 3.10　冷出流触发导致雷暴新生和发展的概念模型图[4]

　　从上面的概念模型可以看出,冷出流在强对流天气发生发展中的作用,它不仅仅对强对流天气触发,而且对强对流的发展也起着至关重要的作用。因此,分析冷出流的移动与演变具有十分重要的意义。实际工作中,在地形作用下,冷出流往往向地势低洼处流动,如山谷、河谷等。

　　实际上中尺度对流系统的移动并非仅受一个因素所决定,往往是平移与传播合成的结果(图 3.11),风暴中的对流单体沿平均风方向向东北平移(V),新生单体周期性地出现于风暴的南侧(P),在 T_1 到 T_2 时刻,单体 A 随西南风平移到虚线 A 处,并减弱消失,而新生单体 B 发展,并在其南侧有单体 C 新生,到了 T_3 时刻,看上去风暴总体(C)向东运动,实际上,此过程中经历了新老交替的过程,是平移与传播合成的结果。

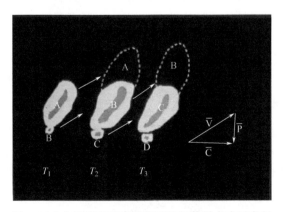

图 3.11　中尺度对流系统的平移与传播合成示意图

　　研究表明,大多数雷暴单体的移动过程实质上是雷暴单体不断"新陈代谢"的传播过程,这一过程是雷暴本身与环境气流相互作用的结果。在实际监测中,我们经常发现由多个雷暴单体组成的雷暴系统中(如飑线系统),有些雷暴单体在传播过程中迅速增强,形成更为剧烈的对流活动。而有些单体在传播过程中迅速减弱。以 2020 年 9 月 14 日天气过程为例,15时 15 分在鄂尔多斯市杭锦旗生成 2 个单体 O_0 和 P_0,系统向东北方向移动,随着时间发展,15 时 39 分 O_0 持续了 4 个体扫后减弱,同时又生成了 U_0、Y_0 单体,整体继续向东北方向移动(图 3.12)。

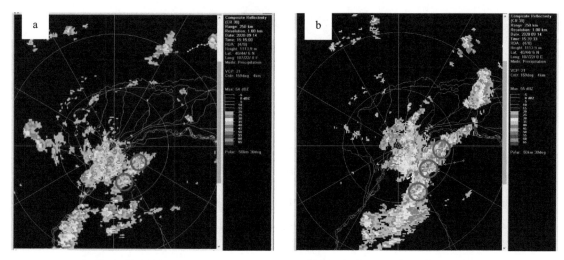

图 3.12　2020 年 9 月 14 日 15 时 15 分雷达回波图(a)和 15 时 39 分雷达回波图(b)

另一方面,单体的传播速度也存在明显区别,有些单体"移动"迅速,而有些单体"移动"相对缓慢,造成多单体雷暴系统的形态发生明显变化。例如"直线型"对流回波带演变为"弓形"回波等。因此,了解中尺度对流系统移动和传播,对分析强对流天气过程起着至关重要的作用。

3.3.2　黄河河套地形在对流系统传播中的作用

巴彦淖尔市与鄂尔多斯市隔河相望,巴彦淖尔市南部为河套平原,鄂尔多斯市西北部为库布齐沙漠。黄河宽度 500～2300 m。

热力作用:夏季午后,黄河两岸下垫面分别为沙漠和平原,白天升温快,而黄河河面升温慢;夜间,黄河两岸下垫面降温快,而黄河河面降温慢,这样就形成了温度梯度。对流单体在发展过程中,经常出现经过黄河时减弱、越过黄河后加强的现象。

地形作用:黄河南北两岸落差较小(2～10 m),不存在明显的阻挡和汇流。由于黄河河面光滑,而陆地下垫面粗糙度较大,有助于近地层风场摩擦辐合产生强烈的上升运动,导致强对流天气系统经过黄河河面时减弱、而进入陆地时又加强的现象。

以 2020 年 9 月 14 日一次强对流天气为例,14 时 55 分巴彦淖尔市磴口县补隆淖镇有对流生成,沿地面辐合线向东北方向移动发展,形成带状多单体风暴,由黄河南岸的杭锦旗库布齐沙漠延伸至乌拉特中旗南部(图 3.13)。15 时 15 分对流系统主要出现在库布齐沙漠,15 时 34分五原县新公中镇出现强对流单体,16 时 09 分发展强盛,17 时 18 分基本消散。期间在乌拉特中旗海流图镇、五原县荣兴镇、隆兴昌镇出现冰雹。15 时 19 分—16 时 24 分出现带状多单体风暴经过黄河时减弱、越过河后加强的现象。

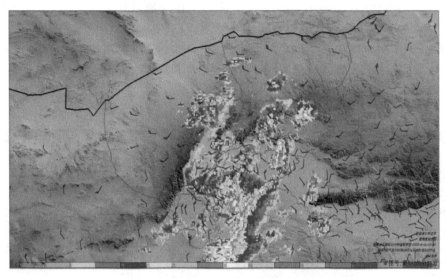

图 3.13　2020 年 9 月 14 日 15 时 40 分带状多单体风暴

又如 2016 年 6 月 3 日强对流天气。13 时 16 分鄂尔多斯市杭锦旗西部对流单体生成,13 时 46 分对流发展较强并向东北方向移动,14 时 10 分经过五原黄河段时对流有所减弱,14 时 22 分对流越过黄河再次加强,15 时 22 分对流系统在五原县发展强盛,强度达 55 dBZ 以上(图 3.14)。期间,强对流天气系统所经之地磴口县、临河区、五原县、乌拉特前旗部分地区出现冰雹天气。从这个强对流个例中充分表现了多单体风暴经过黄河附近时出现减弱、过河后加强的现象。

还有 2012 年 6 月 5 日、2012 年 8 月 25 日、2013 年 7 月 21 日、2014 年 7 月 31 日等强对流天气都出现了多单体风暴自南向北移动时,越过黄河后加强的现象。

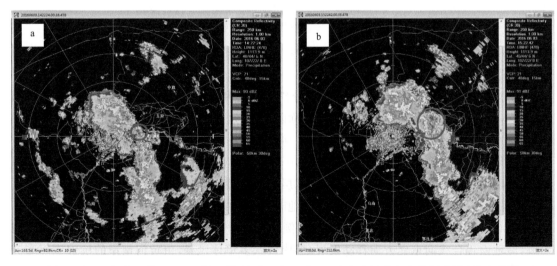

图 3.14　2016 年 6 月 3 日 14 时 22 分(a)、15 时 22 分(b)对流天气雷达回波由弱到强演变特征

3.4　小结

　　本章主要从地形对强对流天气的影响、地面自动站网观测资料在强对流天气中的应用和强对流风暴的移动与传播机制 3 个方面讲述了强对流天气的中尺度分析。

　　3.1 节简述了巴彦淖尔市地形,并结合实例阐述地形对强对流天气的影响。分别从地形热力环流、地形对局地热力层结的影响、近地层加热的不均匀性、地形的迎风坡效应造成的抬升作用、地形对局地垂直风切变的影响、谷地对局地强对流天气的影响等方面分析讨论了地形对强对流的作用。

　　3.2 节讲述地面自动站网观测资料在强对流天气中的应用,首先提出地面辐合线有可能是天气尺度或中尺度天气系统在边界层内的一种体现,对强对流的发生过程起到抬升触发作用和对流系统组织作用,它形成的物理原因主要与天气尺度系统、地形热力作用、水陆分布、陆地非均匀加热、中尺度对流系统有关。其次讲述了地面自动站网观测资料在强对流天气中的分析和预报,从地面自动站网观测资料在强对流天气分析和预报中的应用、强对流天气过程中的要素变化特征、温湿度锋区的识别与追踪、湿度锋区监测等 4 个方面分别说明了地面自动站网观测资料的应用。最后说明自动站网资料应用的注意事项,建议结合新一代天气雷达、气象卫星云图实时观测资料及地闪资料等,可提高监测的可靠性,从而发展基于地面实时观测资料的短时外推法和订正预报,开展灾害天气监测和短时临近预报。

　　3.3 节讲述强对流风暴的平移与传播机制。首先说明中尺度对流系统平移和传播的概念及机理,实际上大多数中尺度对流系统移动往往是平移与传播合成的结果;其次阐明黄河河套地形在对流系统传播中存在热力作用和动力作用。

第4章 多普勒天气雷达在强对流天气预报预警中的应用

多普勒天气雷达在强对流天气中的应用主要包括对冰雹、雷暴大风、短时强降水天气的监测和预警；大范围降水的监视和雨量的定量估计、风场特征的判断以及高分辨率数值天气预报模式初始场的形成。

多普勒天气雷达的基本产品反射率因子(Z)、径向速度(V)、速度谱宽(W)及导出产品，提供了丰富的有关强对流天气的各类信息。综合分析各类产品，可提高监测强对流天气的发生发展的能力，总结回波强度、移向、移速变化规律，可提升对强对流天气进行有效预报预警的概率。

本章内容是在对流潜势条件充分满足的前提下，分析多普勒天气雷达在强对流天气预报预警中的应用。由于波束中心的高度随距离的增加而增加、波束宽度随距离的增加而加宽及静锥区的存在，导致雷达对远距离和非常近的目标物的探测能力受限，本章所选取的强对流天气个例是发生在距临河雷达 30～120 km 区域内的天气过程。

4.1 冰雹

4.1.1 冰雹的形成机制

一般积雨云可能产生阵雨或雷阵雨，只有发展特别强盛的积雨云，云体高大，并且有强烈的上升气流及充沛的水汽，才会产生冰雹，这种云称为冰雹云。冰雹云中的水汽凝结物主要包括水滴、冰晶和雪花。云中 0 ℃以上部分由水滴组成；−20 ℃到 0 ℃由过冷水滴、冰晶和雪花组成；−20 ℃以下由冰晶和雪花组成，如图 4.1 所示。

在冰雹云中强烈的上升气流携带着水滴和冰晶，其中，部分水滴和冰晶合并冻结成较大的冰粒，这些粒子和过冷水滴被上升气流输送到含水量累积区，成为冰雹核心——雹核。雹核在上升气流携带下进入生长区，在水汽丰富、温度不太低的区域（−10 ℃到 −4 ℃）与过冷水滴碰并，形成一层透明的冰层；继续向上进入水汽含量较少的低温区（−12 ℃以上），这里主要由冰晶、雪花和少量过冷水滴组成，雹核与它们碰并冻结形成不透明的冰层；随着冰雹的增长，达到所在高度上升气流可以托住的极限时，冰雹开始在上升气流里下落，在下落中不断地碰并冰晶、雪花和水滴，继续生长，当它落到较高温度区时，冰雹便形成透明的冰层。如果下落的冰雹落到另一股更强的上升气流区，那么冰雹又将再次上升，重复上述的生长过程，这样冰雹就一层透明一层不透明地增长，最后，当上升气流支撑不住冰雹时，冰雹就从云中落下到达地面。

4.1.2 冰雹云的雷达回波特征

由于冰雹云团尺度小、生命期短，常规气象资料难以及时发现、预警与跟踪。多普勒天气雷达是探测冰雹的重要工具。本节运用临河多普勒天气雷达资料、探空数据对冰雹云雷达回

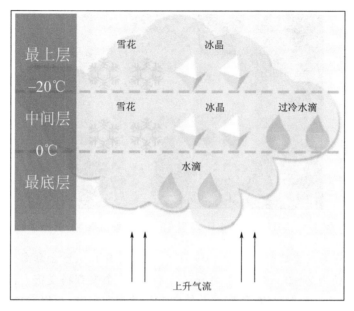

图 4.1　冰雹云中水汽凝结物垂直分布示意图

波特征进行分析研究。

4.1.2.1　形态特征

(1)V 型缺口

由于雷达电磁波无法穿过大冰雹区,在大冰雹远离雷达的一侧往往形成 V 型缺口。V 型缺口是大冰雹识别最直接有效的指标。例如 2012 年 7 月 3 日磴口县包尔盖农场、纳林套海农场遭遇冰雹袭击,最大冰雹直径 3 cm,约 5333 hm^2 的农作物受灾。图 4.2 为冰雹时雷达回波图,最大回波强度值在 60 dBZ 以上,此时在远离雷达一侧出现了 V 型缺口。

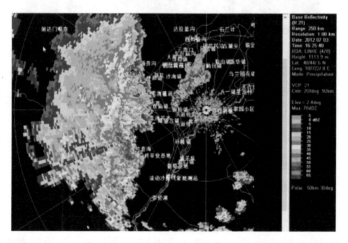

图 4.2　2012 年 7 月 3 日 16 时 25 分仰角 2.4°基本反射率因子

(2)入流缺口

在冰雹云发展阶段,当入流气流较强时,冰雹云底层入流区内大粒子较少,因而形成弱回波区,在低层单点雷达图像(PPI)回波上则表现为向云内凹入的缺口,缺口处有最大的回波强

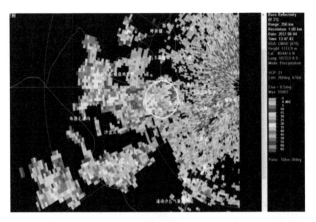

图 4.3　2017 年 8 月 4 日 13 时 47 分 0.5°仰角基本反射率因子

度梯度,这种缺口称为入流缺口。例如 2017 年 8 月 4 日,磴口县沙金套海苏木、隆盛合镇遭受冰雹袭击,冰雹直径为 2～3 cm,持续 10 min 左右,使 7 个嘎查村受灾。图 4.3 为降雹前 30 min 的 0.5°仰角的基本反射率因子,回波整体向东偏北方向移动,可以看到在强回波前部有入流缺口,回波强度梯度较大。

（3）钩状回波

随着冰雹云进一步发展,入流缺口会演变成钩状,这种钩状回波常出现在主体回波移动方向的右侧或右后侧。例如 2016 年 6 月 13 日,磴口县遭遇冰雹袭击,冰雹最大直径 5 cm,最长降雹持续时间 15 min,最大瞬时风速 23.6 m/s。图 4.4 为降雹时雷达回波图,回波自西南向东北方向移动,可以看到在回波移动右后侧有钩状回波。

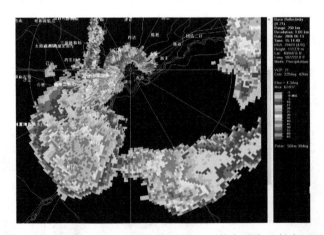

图 4.4　2016 年 6 月 13 日 15 时 14 分 4.3°仰角基本反射率因子

（4）三体散射

简称"TBSS",是雷达探测冰雹云时,雷达波束被云内大粒子与地面多次反射,使得电磁波的传播距离变长,回波返回的时间变长,表现为在冰雹云强中心的径向方向远离雷达一侧产生了虚假回波。例如 2012 年 7 月 17 日五原县出现冰雹与短时强降水天气,降雹持续时间 2～5 min,冰雹直径 0.3～0.7 cm,造成两个乡镇受灾。图 4.5 为降雹前出现的三体散射现象。由于临河雷达为 C 波段,因衰减严重,三体散射特征不明显。

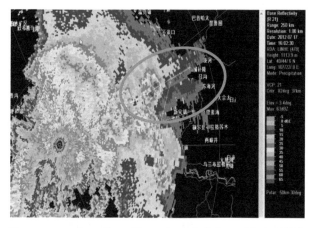

图 4.5　2012 年 7 月 17 日 16 时 02 分仰角 3.4°基本反射率

4.1.2.2　回波强度

强对流风暴中,强的反射率因子是冰雹产生的重要特征。当雷达回波中显示,特别强的回波云团移向本地时可能出现冰雹。统计 2008—2019 年冰雹 84 个例,降雹单体平均最大反射率因子达 58.6 dBZ,除两次低于 50 dBZ 以外,其余均在 53 dBZ 以上,最大达 67 dBZ。

4.1.2.3　回波顶高度

回波顶高度反映了强对流云内上升气流的强弱。回波顶越高,云内的上升气流越强,冰雹在上升气流中增长的时间越长,降雹的可能性就越大。强回波伸展高度越高,越有可能产生大冰雹。在降雹个例中,回波顶高最高达 13 km,最低为 5 km,平均高度为 8.6 km。45 dBZ 回波的伸展高度最低为 5 km,平均为 8.6 km。例如 2020 年 7 月 11 日,巴彦淖尔市出现强对流天气,乌拉特前旗、五原县、杭锦后旗、临河区降雹,并出现短时强降水与雷暴大风天气。图 4.6 为杭锦后旗三道桥镇降雹单体趋势,可以看出降雹前云顶高度迅速升至 11 km。

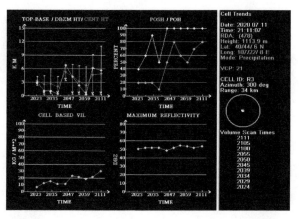

图 4.6　2020 年 7 月 11 日 21 时 11 分降雹单体趋势

4.1.2.4　强回波触底

冰雹降落时,在单体趋势中表现为最强回波高度下落至云底,即强回波触底。强回波触底一般标志着冰雹已经降落到地面。在分析的所有个例中,强回波触底占总数 72.6%。例如 2020 年 7 月 1 日,乌拉特前旗乌拉山镇出现冰雹,图 4.7 为单体冰雹时出现强回波触底情况。

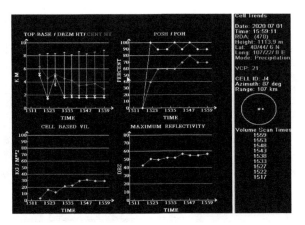

图 4.7　2020 年 7 月 1 日 15 时 59 分降雹单体趋势

4.1.2.5　弱回波区（WER）

WER 表明在冰雹增长区下方存在大量云水入流伴随强上升气流的情况。大的 WER 意味着冰雹在降落之前，具有维持时间长的、大范围的增长区，所以强反射率因子必须位于 WER 的上方。持续的 WER 有利于冰雹的增长。

图 4.8a 对应非超级单体强风暴，其低层反射率因子核心区偏向一侧，导致该侧反射率因子梯度较大；中层反射率因子高值区的一部分在低层高值区之上，一部分向低层入流一侧延伸到低层反射率因子梯度大值区和弱回波区的上空，形成悬垂回波；风暴顶位于低层反射率因子大梯度区之上，可能伴随有强降雹。

图 4.8b 对应超级单体风暴，其低层反射率因子有明显的钩状回波特征，入流一侧的反射率因子梯度进一步增大，中低层出现明显的有界弱回波，其上为回波悬垂，风暴顶位于低层反射率因子梯度大值区或有界弱回波区之上，出现强降雹的可能性较大。

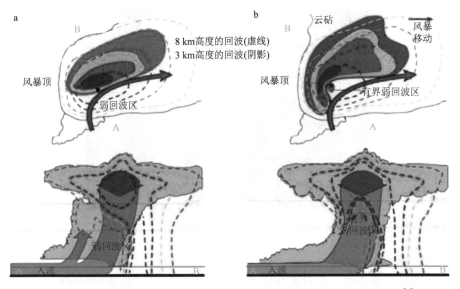

图 4.8　非超级单体强对流风暴（a）和超级单体风暴（b）的三维结构模型[6]

4.1.2.6　高悬的强回波

雹暴在冰雹生长还未产生降雹时,最明显的特征就是高悬的强回波。例如 2009 年 8 月 17 日 10 时五原县天吉泰镇出现降雹,回波自西向东移动,沿图 4.9b 所示方向做剖面(图 4.9a),剖面图显示最强反射率达 65 dBZ,高度达 8.5 km,说明上升气流异常强烈,大冰雹仍在增长中,冰雹直径 1～5 cm。

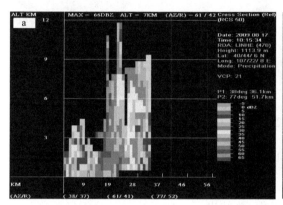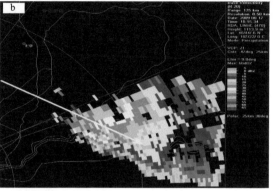

图 4.9　2009 年 8 月 17 日 10 时 15 分五原县天吉泰镇降雹单体剖面(a)及 9.8°反射率因子(b)

4.1.2.7　垂直累积液态含水量

垂直累积液态含水量(VIL)表示将反射率因子数值转换成等价的液态水值,反映了降水云体中单位底面积的垂直柱体内液态水的总量。异常高的 VIL 值是冰雹出现的表征。降雹个例中,单体最大 VIL 平均为 31.6 kg/m², 数值变化在 6～63 kg/m², 85% 降雹单体大于 19 kg/m²。

VIL 及 VIL 跃增值的季节变化明显且变化趋势相同,5 至 8 月逐月上升,8 月最高,到 9 月稍降。

空间位置变化对 VIL 的影响,如表 4.1 所示,与天气雷达距离超过 120 km 时,低层的云体探测不到;与天气雷达距离小于 20 km 时,高层的云体探测不到。因此,假设单体强度维持不变,由远处移向雷达,160 km 至 30 km 左右,距离的变化对 VIL 有增大的作用,增大作用最明显发生在 120 km 左右;30 km 范围至更近时,距离的变化对 VIL 有减小的作用,减小作用最明显发生在 20 km 左右。

表 4.1　临河多普勒天气雷达探测距离与探测海拔高度范围(km)

距离	0	10	20	30	40	50	60	70	80	90	100	110	120	130	140	150	160
0.5°	1.1	1.2	1.3	1.4	1.55	1.7	1.85	2.0	2.2	2.4	2.6	2.85	3.1	3.35	3.6	3.9	4.2
19.5°	1.1	4.7	8.2	11.8	15.4	19.0	22.6	26.3	29.9	33.6	37.3	40.9	44.7	48.4	52.1	55.9	59.7

图 4.10 为 2009 年 8 月 17 日 13 时 18 分—14 时 08 分产生降雹的强单体,单体最大 VIL 达 63 kg/m², 受此单体影响,杭锦后旗团结镇联合村最大冰雹直径达 5 cm。

4.1.2.8　0 ℃层高度

合适的 0 ℃层高度有利于降雹。云中水汽在 0 ℃层所在的高度开始冻结,当冰雹进入到 0 ℃层以下时,表面开始融化,小冰雹下落到地面时变为水滴。从冰雹个例分析来看,巴彦淖

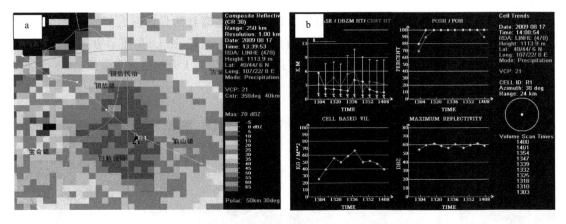

图 4.10　2009 年 8 月 17 日组合反射率因子图(a)、降雹单体趋势图(b)

尔市降雹单体的 0 ℃层高度的月均值在 3.6～4.2 km,6 至 9 月均在 4 km 以上。

4.1.3　冰雹预警着眼点及指标

在预报业务中,业务人员通过多年的实际工作,总结出了一些雷达产品分析经验判据指标,但没有形成科学、系统的指标体系。本节结合前文所述冰雹形成机制与雷达回波特征,总结临河多普勒天气雷达在适当范围(30～120 km)内,冰雹云产生前 3～5 个体扫雷达回波特征及参数进行预判,总结冰雹云的预警着眼点和指标。

4.1.3.1　冰雹云预警着眼点

(1)形态特征

1)冰雹云初期:单体结构密实、边缘清晰、强度梯度大、面积变化率明显。

2)冰雹云成熟期:雷达回波出现 V 型缺口、三体散射、入流缺口、弓形回波、钩状回波等形态特征,剖面上出现弱回波区、有界弱回波区、穿窿、回波悬垂、砧状回波等特征。

(2)强度特征

雷达回波越强,越有可能产生冰雹。当雷达回波显示,高度较高的强回波移向本地时,本地降雹的可能性增大。

(3)垂直累积液态水含量

异常高的 VIL 值是冰雹出现的表征,特别是 VIL 出现连续跃增(>2 个体扫)情况时,可能会出现降雹。

(4)回波顶高

回波顶高越高(>7 km),说明云内的上升气流就越强,降雹的可能性就越大。

(5)0 ℃层高度

冰雹进入到 0 ℃层以下时,表面开始融化,小冰雹下落到地面时变为水滴,降雹个例中 0 ℃层高度为 2.7～5.4 km,因此,合适的 0 ℃层高度是降雹的有利因素。

(6)负温区厚度

负温区为冰雹生长提供非常有利的水汽和温度条件,应关注负温区厚度数值(大于 1.2 km)。

(7)速度特征

当低层风出现气旋式切变或者辐合时,高层风暴顶出现辐散,会增加本地降雹的可能性。

4.1.3.2　冰雹天气雷达回波参数预警指标

(1)最大反射率

单体最大反射率在 48 dBZ 及以上且回波仍在发展加强中,降雹概率大,出现降雹单体最大反射率一般都大于 53 dBZ。

(2)最大垂直累积液态水含量

单体最大垂直累积液态水含量跃增值在 10 kg/m² 以上且回波仍在加强发展,尤其是 VIL 连续跃增时,跃增值大于 19 kg/m² 时冰雹概率较大。

(3)0 ℃层高度

适合降雹的 0 ℃层高度为 3.8~4.7 km。

(4)45 dBZ 伸展高度

45 dBZ 伸展高度高于 0 ℃层 1.1 km 以上。在入夏(6 月 1 日—7 月 10 日)和出夏(8 月 16 日—9 月 10 日)一般在 5.1 km 以上;在盛夏(7 月 11 日—8 月 15 日),一般在 5.4 km 以上。

(5)特殊情况

当雷达回波出现以下三种情况时,不完全满足上述条件时,也可出现冰雹。

1)由南向北越过黄河后加强的雷达回波;

2)由北向南越过阴山后加强的雷达回波;

3)500 hPa 东高西低天气形势下,移动方向为自东向西加强发展的雷达回波。

4.2　短时强降水

4.2.1　短时强降水的成因

短时强降水发生需要考虑的一个关键因素是高降水率的形成。从天气学的观点看,降水是由低空水汽抬升凝结产生的。在某一个地点的瞬时降水率 R 正比于垂直水汽通量 ωq。降水率 R 的表达式:

$$R = E\omega q$$

式中,ω 是云底的上升气流速度,雷达回波分析中与之相关的就是云底的切变辐合程度,云底切变辐合程度越强,上升速度越大;q 是上升空气的比湿,雷达回波分析中与之相关的就是 VIL(不包括冰雹和 0 ℃层亮带影响的部分)。E 是有效凝结率,指凝结降落到地面的降水占被抬升水汽的比例。当上升气流将气块带到对流云顶时,那里的水汽比湿大约只有 0.1 g/kg,这大约只有云底比湿的 1%,也就是说,99%进入云中的水汽其实都凝结了。但是,凝结了的水汽并不都会降落到地面形成降水量。其中一部分作为降水降到地面,一些云粒子被高空风吹出云外蒸发掉了,另外一些云粒子在降水系统的下沉气流里蒸发掉了。雷达分析中与降水率直接相关的就是底层反射率强度。

根据云的微物理理论,暖云的降水效率要高于冷云,降水系统中的暖云层越厚,越有利于高降水效率的产生。探空曲线分析中,暖云层厚度为融化层高度(大致为 0 ℃层的高度)与抬升凝结高度 LCL 之间的高度差。而雷达回波分析中,暖云厚度为 0 ℃层亮带和云底的高度差,为降水发生时的实际厚度,而非探空曲线中的理想厚度。

确定降水率的三个因素(E,ω 和 q)中至少有一个大,另外两个至少中等,则强降水率 R

的潜势存在。因此,雷达回波分析中云底的切变辐合越强,低层反射率越强,则强降水率 R 的潜势越大;如果降水持续较长时间,则存在暴雨的潜势。

4.2.2 短时强降水的雷达回波特征

4.2.2.1 低层强反射率因子

一般来说,低层反射率因子越强,则降水强度越大。但这个关系会受到 0 ℃层亮带和冰雹的很大影响,所以短时强降水的雷达最强回波反射率的质心高度一般维持在 4 km 以下。

根据雷达反射率因子(Z)和降水强度(R)之间的经验关系(Z-R 关系),反射率因子越大,降水强度就越大。因为中高层降水粒子在下降过程会蒸发或碰并低层小水滴,且中层存在 0 ℃层亮带,有降雹时低层冰雹的融化程度最大,所以低层 Z 与 R 的相关性更强。但近距离低仰角时,地物杂波的影响较大。因此,根据多年经验,分析强降水时为了减小上述影响并保持所取 Z 的高度相近,以表 4.2 的标准进行监测分析。

表 4.2 天气雷达探测距离与仰角的关系

仰角(°)	探测距离 R(km)
0.5	$R \geqslant 50$
1.5	$50 > R \geqslant 35$
2.4	$35 > R \geqslant 20$
3.4	$20 > R \geqslant 0$

雷达主用户终端子系统(PUP)显示某一距离库内 Z 值为色标的中心值,例如 28 dBZ(25~30 dBZ)、33 dBZ(30~35 dBZ)、38 dBZ(35~40 dBZ)、43 dBZ(40~45 dBZ)。在强降水估测中 $Z < 35$ dBZ 的弱回波完全可以被忽略;$Z > 50$ dBZ 时,冰晶对 Z 的贡献逐渐加大,水滴对 Z 的贡献不变。因此,强降水估测可简化为对 38 dBZ、43 dBZ、$\geqslant 48$ dBZ 三个等级降水估测的累加。

统计 89 个短时强降水天气个例中,小时降水强度及按表 4.2 的分析标准,统计 38 dBZ、43 dBZ、$\geqslant 48$ dBZ 体扫个数 N_{38}、N_{43}、N_{48},通过回归方程得,$Z = 38$ dBZ 维持一个体扫 $R \approx 1.2$ mm,$Z = 43$ dBZ 维持一个体扫降水量 $R \approx 2.8$ mm,$Z \geqslant 48$ dBZ 维持一个体扫 $R \approx 6.2$ mm。

逐体扫累加估测降水量:$R_{估} = 1.2 N_{38} + 2.8 N_{43} + 6.2 N_{48}$

例如 2020 年 6 月 28 日发生在杭锦后旗北部的短时强降水(图 4.11),雷达反射率因子剖面图中最大反射率因子超过 50 dBZ(4 km)。相应的 0 ℃和 −20 ℃等温线的高度分别为 4 km 和 7 km,−20 ℃等温线以上最大反射率因子不超过 30 dBZ,杭锦后旗沙海镇新红 14—15 时降水量 36.0 mm(用逐体扫累加估测降水量:$R_{估} = 1.2 \times 1 + 2.8 \times 3 + 6.2 \times 3 = 28.2$ mm)。

4.2.2.2 降水持续时间

总降水量取决于降水率的大小和降水持续时间。下面分 3 种类型对降水持续时间进行分析。

(1)片状混合回波

大型降水天气过程主要降水时间段的回波类型为片状混合回波,片状混合回波的回波范围大,移动速度慢,持续时间长,易出现大范围的短时强降水。混合回波中某站的降水持续时间,取决于降水系统在此站沿移动方向的尺度和移动速度,混合回波中强单体的后向传播会延

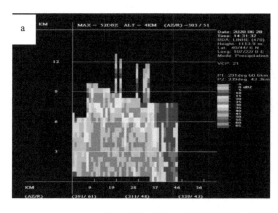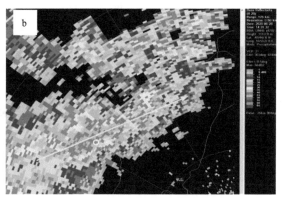

图 4.11　2020 年 6 月 28 日 14 时 31 分反射率因子(a)及其垂直剖面(b)

长降水时间。

　　例如 2018 年 7 月 19 日发生在乌拉特前旗南部的短时强降水(图 4.12),乌拉特前旗、五原县、乌拉特中旗东南部有大面积的片状混合回波存在,乌拉特前旗乌拉特山站 1 h(09—10 时)降水 38.0 mm、两眼井站 1 h(09—10 时)降水 51.9 mm,片状混合回波范围大,移动速度缓慢,且伴有中气旋后向传播的特征。

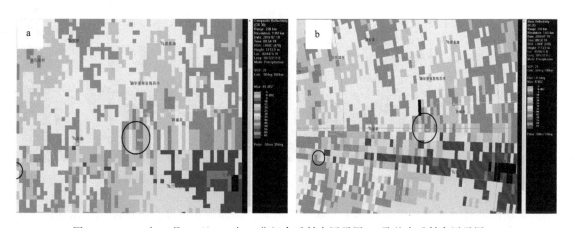

图 4.12　2018 年 7 月 19 日 09 时 54 分组合反射率因子图(a)及基本反射率因子图(b)

(2)带状回波

　　地面辐合线等触发的对流常形成带状回波。如果其移动方向基本与分布方向垂直,则任何点的降水持续时间都较短;如果其分布方向与移动方向夹角较小,降水持续时间较长,易在其经过的狭长区域出现短时强降水;有时带状回波后面的层状云降水回波可进一步增加雨量;当带状回波的移动方向基本平行于分布方向,使得每个强单体依次经过同一地点,形成列车效应,易产生较大的短时强降水(图 4.13)[4]。

　　图 4.13 中等值线和阴影区指示反射率因子的大小。图 4.13a 表示一个对流线通过该点的移动方向与对流线的取向垂直;图 4.13b 表示对流线移动向量在对流线的取向上有很大的投影;图 4.13c 表示对流线后有一个中等降水强度的层状雨区。对流线移动方向和对流线取向的夹角与图 4.13b 同;图 4.13d 与图 4.13c 类似,只是对流线的移动向量在对流线的取向上有更大的投影。

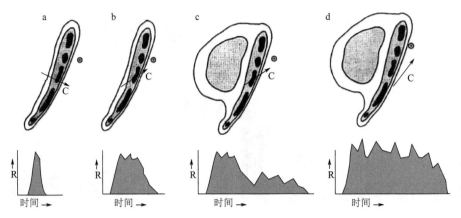

图 4.13　不同移动方向的不同类型的对流系统对于某一点上降水率随时间变化的影响示意图

图 4.14 为杭锦后旗三道桥的一次短时强降水的雷达回波。三道桥出现 1 h(21—22 时) 39.5 mm 的短时强降水,如此大的雨量的一个重要原因是有较强的对流单体依次经过三道桥地区,呈明显的列车效应。

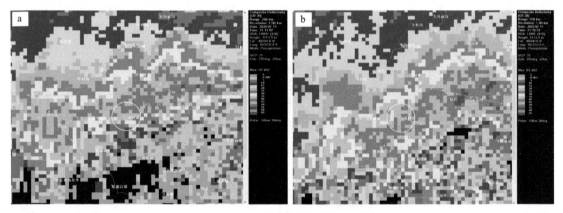

图 4.14　2020 年 7 月 11 日 21 时 11 分(a)和 21 时 26 分(b)组合反射率因子图(圆圈指示三道桥的位置)

带状回波移动速度较慢也有利于降水时间增大。例如带状回波在巴彦淖尔市东部南下时常常在乌拉山北部停留时间较长,说明移动缓慢。

(3)强单体回波

在大范围对流弱抑制的情况产生下,由局地加热不均或扰动等原因产生的强单体回波也可产生单站或小区域的短时强降水(图 4.15)。强单体回波短时强降水按形成原理分为两类,一类是后向传播,另一类是强单体原地维持。

平流是指中尺度对流系统中任何单体一旦形成基本上沿着风暴承载层的平均风移动,而传播是指中尺度对流系统的某一侧不断有新的对流单体形成导致的回波移动。如果平流方向与传播方向交角大于 145°甚至完全相反,则称为后向传播,导致强回波在单体后侧较长时间维持,易产生短时强降水。

后向传播多发生在低空急流的情况下,低层风速大于回波移动速度并大于中层风速,回波后侧存在低层风速辐合高层辐散,因而单体后向传播明显,这种情况在乌拉特中旗海流图(盆地)易出现。

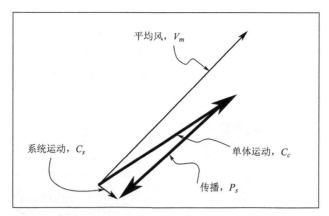

图 4.15　对流系统中单体运动 C_s 与传播 P_s 几乎相互抵消,导致系统移动缓慢示意图

　　例如 2020 年 7 月 25 日乌拉特中旗海流图短时强降水就是一个后向传播的例子。从 17 时 31 分至 18 时,30 min 降水量为 15.4 mm。图 4.16 可见,在强回波的上游不断有强回波生成,平均风向为西偏南,传播方向为自东向西,两者接近相反,导致海流图上空有强降水率回波维持。

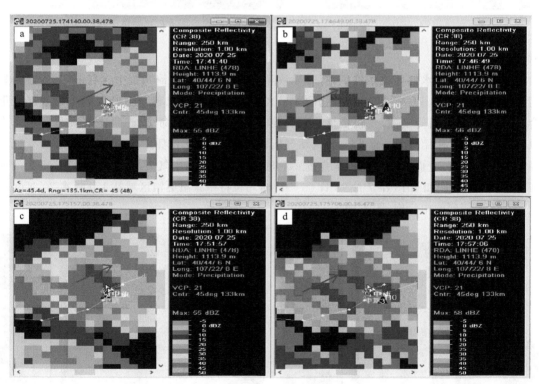

图 4.16　2020 年 7 月 25 日 17 时 41 分(a)、17 时 46 分(b)、17 时 51 分(c)、17 时 57 分(d) 组合反射率因子图(红色箭头代表平均风向)

　　强单体原地维持的天气背景一般为副热带高压或高压脊位于巴彦淖尔市以东地区时,对流层中低层风力较小、湿度大,局地强单体形成后维持在原地不动,这种对流天气出现次数较少。

4.2.2.3　低空急流

　　短时强降水产生的条件之一是要有充分的水汽供应,而低空急流是为短时强降水输送水汽的通道。在降水已经开始的情况下,可以通过径向速度图监测低空急流的变化,判断降水是否继续。例如 2020 年 8 月 11 日巴彦淖尔市西南部出现短时强降水,0.5°径向速度图和垂直风廓线图(图 4.17)显示 25 km 等距离圈内的高度(距地约 1.3 km)上存在南风急流,强度约为 25 m/s。12—13 时磴口县城关降水量为 22.8 mm,南风急流北端的临河区八一乡星光村13—14 时降水量为 21.1 mm。

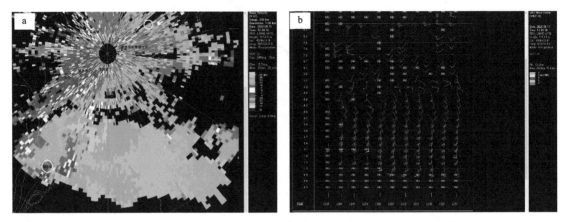

图 4.17 2020 年 8 月 11 日 12 时 34 分 0.5°径向速度(a)和速度方位显示风廓线(VWP)(b)

4.2.2.4 中气旋

在有利于强降水的环境条件下,有时导致降水的 β 中尺度对流系统中含有中气旋,会明显增加强降水的可能。其中两个主要原因:一是大多数中气旋的位置与上升气流重合或部分重合,导致明显的垂直螺旋度,使得系统比无涡旋时具有更长的生命史;二是中气旋与环境垂直风切变之间相互作用导致一个向上的扰动气压梯度力,造成比仅凭 CAPE 转换的上升气流更强烈的上升气流,进而产生更大降水强度。有时,即使达不到中气旋标准的弱涡旋,也会增加强降水的可能。例如 2018 年 7 月 23 日 05—06 时乌拉特中旗温更镇区域站 1 h 降水 20.9 mm,期间雷达观测到的中气旋(图 4.18)。

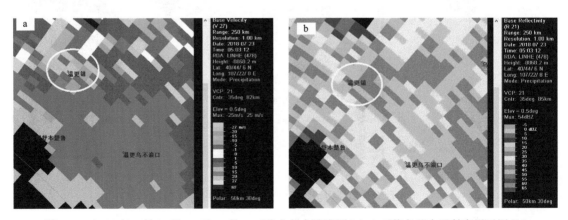

图 4.18 2018 年 7 月 23 日 05 时 03 分 1.5°仰角径向速度图(a)、1.5°仰角基本反射率因子图(b)

4.2.2.5 低层强辐合

在实际工作中,雷达径向速度图中纯辐合虽然有利于降水强度加大,但持续时间较长的纯辐合很少,短时强降水中切变辐合长时间维持得较多。例如 2018 年 7 月 19 日 06 时 32 分

1.5°仰角径向速度(图 4.19)中可以看出,五原县复兴南部的黄河南岸 1.8 km 高度为偏南风,复兴西部的临河区 1.8 km 高度为西北风,因此,复兴附近风场存在明显的切变辐合,为强降水的产生提供了动力条件,复兴镇 06—07 时降水强度为 42.0 mm/h。

图 4.19　2018 年 7 月 19 日 06 时 32 分 1.5°仰角径向速度图(复兴镇位于圈的位置)

4.2.3　短时强降水预警着眼点及指标

本节结合短时强降水形成机制与雷达回波特征,对巴彦淖尔市短时强降水预警着眼点及预报指标进行分析。

(1)低层强回波

在排除 0 ℃层亮带和冰雹的影响下,低层回波的强度直接反映着降水强度大小,低层强回波的强度、范围、速度直接决定着短时强降水的发生。

(2)降水持续时间

判断是否出现强降水的另一个要素是降水持续时间。沿着回波移动方向高降水率的区域尺度越大,降水系统移动越慢,持续时间则越长;片状回波的长轴方向、带状回波的轴向与移动方向夹角越小,越易出现短时强降水;多单体的列车效应和后向传播也是导致强降水的原因之一。

(3)低空急流

巴彦淖尔市处于季风区的末端,水汽条件往往对强降水的出现起着决定性作用。低空急流是为强降水输送水汽的通道,低空急流的出现对降水强度的加大有很明显的指示意义。

(4)低层强辐合

在片状混合回波或带状回波满足以下三个条件中的任两条时易出现短时强降水:

1)低空急流南风分量达 10 m/s,短时强降水期间或发生前(2～4 个体扫)80%的个例有低空急流。

2)单体最大垂直累积液态水含量大于 12.0 kg/m²,平均为 22.3 kg/m²,数值变化在 10～60 kg/m²,85%在 12.0 kg/m² 以上。

3)各单体质心高度均小于 5.0 km,短时强降水单体质心高度平均为 4.0 km,其中 85%的单体质心高度在 5.0 km 以下。

通过对巴彦淖尔市多普勒天气雷达建站以来的 89 个短时强降水天气个例的雷达回波特征参数进行分析,各雷达参数统计如表 4.3 所示。

表4.3　短时强降水天气过程雷达回波参数预警指标

指标	平均	85％分位数	最大值	最小值	标准差
强回波伸展高度(km)	4.9	≤5.5	7.5	2.0	1.20
单体质心高度(km)	4.0	≤5.0	7.0	1.0	1.16
单体最大VIL(kg/m^2)	22.3	≥12.0	60.0	10.0	11.58
回波顶高(km)	8.8	≥7.0	13.0	5.0	2.34
0 ℃层高度(km)	5.0	≥4.5	5.8	3.6	0.60
正温区回波厚度(km)	3.2	≥2.2	4.5	1.3	0.83

4.2.4　山洪预警着眼点及指标

4.2.4.1　山洪风险预警着眼点

(1)带状强回波移动方向(或低空急流)与山脉的交汇处

当地面露点温度较大(>16 ℃)、雷达低层(3.5 km以下)显示偏南低空急流持续北上,或带状强回波已在河套平原产生明显降水并维持北上,在其移动方向与阴山、乌拉山的交汇处存在山洪风险。

(2)移速较慢时回波变化特征

包括三种情况:一是引导气流风速较小,回波移动缓慢;二是自动站网观测到地面辐合线在沿山一带停滞,雷达回波中表现为低层风速辐合在沿山一带停滞;三是强回波在沿山一带存在后向传播,使得强回波在沿山维持,因而存在山洪风险。

(3)移速较快时回波变化特征

第一种情况是列车效应,许多对流单体快速经过同一沿山位置,一般情况下,向北翻越阴山的列车效应而产生的降水量较向南翻越阴山的列车效应产生的降水量更大。向北翻越阴山的列车效应,如果单体强度维持则易被跟踪预警,更应该警惕强单体在翻越阴山时快速消亡的列车效应,从南麓的强回波到山顶的弱回波(或者无回波)指示着能量的全部释放,因此阴山南麓的降水量往往更大,山洪风险较高。

第二种情况是强对流单体的合并,它代表着中低层不同方向的强气流在沿山汇合,因此也存在山洪风险。

4.2.4.2　山洪风险预警指标

当沿山强降水回波覆盖范围内有自动站时,直接根据自动站降水量按照下列标准(mm)发布山洪预警(表4.4)。当沿山强降水回波覆盖范围内没有自动站时,需要对沟口某地降水量 R 进行快速估测。设某地78号产品降水量为 R_{78},此地逐体扫迭加降水为 $R_{迭}$;最近自动站真实降水为 $R_{真}$,此站点78号产品降水量为 $R_{站78}$,此站点逐体扫迭加降水为 $R_{站迭}$。

表4.4　山洪灾害气象预警指标　　　　　　　　　　　　　　单位:mm

等级	20 min	1 h	3 h
可能发生(Ⅳ级)	6	10	20
可能性较大(Ⅲ级)	10	18	30
可能性大(Ⅱ级)	14	24	40
可能性很大(Ⅰ级)	18	30	50

(1)当≥45 dBZ 回波伸展高度低于 5 km 时,根据 $R_{站78}$ 与 R_{78} 按比例对 $R_{真}$ 进行订正。

$R = R_{78} / R_{站78} \times R_{真}$

例如 2021 年 8 月 14 日乌拉特前旗发生的一次短时强降水天气,以乌拉特前旗西小召和长胜两个站点举例。假如西小召没有区域站点,但是这里是山洪隐患点,我们想知道 06—07 时西小召的降水量,通过雷达 78 号产品(OHP)显示西小召是 50.8 mm,可以通过与长胜站 OHP 值对比进行订正西小召的降水。

长胜站 06—07 时降水量为 8.0 mm,OHP 显示为 12.7 mm,则估测西小召降水 = $OHP_{西小召} / OHP_{长胜} \times R_{长胜}$ = 50.8/12.7×8.0 = 32.0 mm。而西小召实际降水量为 35.7 mm,订正后的降水量较 OHP 显示的降水量更加准确。

(2)当≥45 dBZ 回波伸展高度高于 5 km 时,根据 $R_{站选}$ 与 $R_{选}$ 按比例对 $R_{真}$ 进行订正。

$R = R_{选} / R_{站选} \times R_{真}$

(3)当附近无自动站或自动站无明显降水时,取 $R_{选}$。

4.3 雷暴大风

4.3.1 雷暴大风成因

雷暴大风,指对流风暴产生的除龙卷以外的地面大风,一般呈直线型或弧线型分布的风害。雷暴大风的产生主要有以下三种形式:一是对流风暴中的下沉气流到达地面时产生辐散,直接造成地面大风,这是强烈的下沉运动转化为水平运动的结果,即下击暴流;二是对流风暴下沉气流由于降水蒸发冷却,到达地面后形成一个冷空气堆(冷池)向四面扩散,冷池与周围暖湿气流的界面成为阵风锋,阵风锋的推进和过境也可以导致大风,有时孤立的雷暴自身产生阵风锋,有时由多单体雷暴过程的下沉气流到地面后与冷池连为一体,形成一个共同的冷堆向前推进,其前沿的阵风锋可达数千米长,形成飑线系统;三是低空暖湿入流在即将进入上升气流区时受到上升气流区的抽吸作用而加速,导致地面大风,这种情况下大风范围很小,并且只有在上升气流非常强的雷暴附近才会出现。

雷暴形成的主要影响因素包括较强的下沉气流和较快的雷暴移动速度,均易产生雷暴大风。

(1)强下沉气流(补充动量下传的作用)

强下沉气流导致的雷暴大风的主要影响因素有以下两方面。

1)降水粒子的拖曳作用

对流云团中,降水粒子的数量包括重量大小、密度多少,是导致雷暴大风形成的重要因素。在短时强降水中,若降水强度较大,则下沉气流强,易出现雷暴大风;若雷暴的移动速度快,也易导致雷暴大风的出现。在冰雹天气中,也因降水粒子的拖曳形成雷暴大风天气。

2)蒸发冷却作用

在降水粒子下降过程中,遇到干空气会蒸发冷却,使得其温度低于周边环境,加速下沉。此要素需要具备以下三个条件:一是足够多的降水粒子数量,能够使蒸发冷却作用维持到地面高度,以保持其与环境的气温差距,利于下沉气流加强与维持;二是云中要卷入或云底需存在干空气,若中层干空气不足,则会导致蒸发冷却作用不明显,进而导致下沉气流偏弱,无法形成大风;三是降水粒子的性质要更便于蒸发冷却,以保持一定能量维持强天气发生发展。

（2）雷暴移动速度

雷暴的移动速度一般由以下两个关键要素决定。

1）平均引导气流

平均引导气流主要取决于雷暴的伸展高度。本要素一般为 500 hPa 平均的 $50\% \sim 70\%$，也可以在雷暴初期 $0 \sim 6$ km 的高度，逐点进行 UV 分解，然后分别求得 U,V，再合成为平均引导气流。

2）下垫面作用

具有非均匀性特征的下垫面会明显影响雷暴的移动速度。如山脉、丘陵、湖面、河面等强不稳定能量聚集区，在对流云系移入或移出的过程中，能够激发雷暴天气的产生、影响雷暴移动速度。

4.3.2 雷暴大风雷达回波特征

巴彦淖尔市出现的雷暴大风天气，在多普勒天气雷达上呈现出明显的特征和组织结构，包括低层径向速度大值区、飑线、阵风锋及较强的中层径向辐合区、移动较快的弓形回波。

（1）低层径向速度大值区

出现强对流天气时，若底层的径向速度（距地高度在 1 km 以下）出现大于 20 m/s 的大值区时，结合其走向可做出大风预警服务。2019 年 5 月 11 日在临河区西南部出现的大风天气，如图 4.20 标识部分所示，13 时 47 分距雷达 20 km 左右的区域出现径向速度为 -24 m/s 的大值区，而前 1 h 地面极大风速为 $10.2 \sim 14.6$ m/s，到了 13 时极大风速迅速增大到 $17.2 \sim 28.3$ m/s，此时地面出现雷暴大风天气。根据系统移动外推法，可对影响区及下游地区发布大风预警信息。

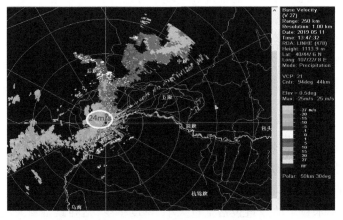

图 4.20　2019 年 5 月 11 日 13 时 47 分 0.5°径向速度图

实际风速（$V_{实}$）近似计算：设径向风速格点的方位角为 α，此高度最近的零径向速度（$V_{径}$）格点的方位角为 β，径向速度 $V_{实} = V_{径}/\cos(\alpha - \beta)$。实际风向与径向重合时，$\cos(\alpha - \beta)$ 为 1，则实际风速等于径向速度。

（2）飑线

飑线在雷达图上显示为多个对流单体侧向排列形成的强对流系统，这些对流单体在行进过程中此消彼长，始终维持多对流单体的状态。在飑线弯曲的顶点或断裂处，往往容易出现地面大风。图 4.21 为 2020 年 7 月 4 日 17 时 17 分临河雷达探测到的飑线系统，多对流单体已发展成熟,可见典型的飑线形态回波,速度图上呈现为弧线状的大风速带,此时所影响区域的地面瞬时风力明显强于前 1 h,分别由 16—17 时的 3.4～7.6 m/s 增大到 17—18 时的 12.9～19.0 m/s。

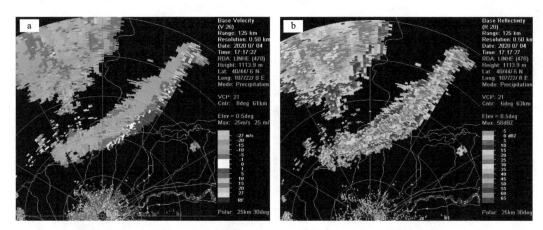

图 4.21　2020 年 7 月 4 日 17 时 17 分 0.5°仰角径向速度(a)和反射率因子(b)

(3)阵风锋

阵风锋一般位于强回波的前方,在雷达图上表现为窄带回波或弧线回波;反射率因子图上回波强度较弱,一般在 25 dBZ 以下。其结构如图 4.22 所示,沿雷暴单体移动方向做垂直截面,两个弯曲的大箭头分别表示雷暴下沉气流和雷暴移动前侧的上升气流,发散状分布的小箭头为下沉气流导致的地面阵风(地面大风),弧状标记为出流边界线(阵风锋)。

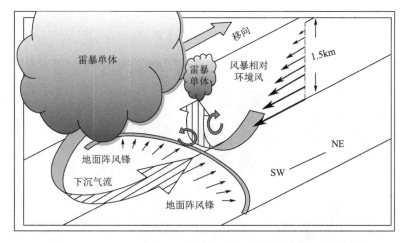

图 4.22　阵风锋与雷暴的底层出流和环境风垂直切变关系示意图

图 4.23 为 2020 年 7 月 17 日下午巴彦淖尔市西南部在 0.5°仰角反射率因子出现阵风锋的过程变化图。阵风锋过境前杭锦后旗、临河区一带极大风速为 1.9～4.8 m/s,系统过境后为 10.1～17.6 m/s。

(4)中层径向辐合(MARC)

中层径向辐合,为对流风暴中层(一般在 3～9 km)的强径向辐合区,是从前向后的强上升气流和后侧入流急流间的过渡区。由于中层径向辐合位于对流层中层,当对流风暴较远时,也

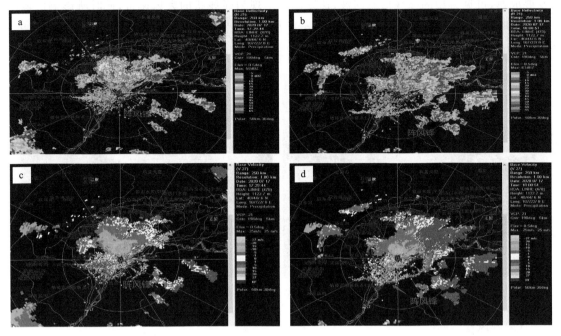

图 4.23　2020 年 7 月 17 日 17 时 29 分(a)、18 时(b)0.5°仰角基本反射率因子
以及 17 时 29 分(c)、18 时(d) 0.5°仰角径向速度图

可以被探测到。所以可用作预报地面大风的依据和基础。图 4.24 为一次中层径向辐合图，2020 年 7 月 11 日杭锦后旗沙海镇东部径向速度在垂直剖面上 3~6 km 存在明显的中层径向辐合，最大正负速度差值为 25.0 m/s，在辐合区西南方向杭锦后旗三道桥出现西北大风，极大风速为 27.6 m/s，而其前一时次的极大风速仅为 2.3 m/s。

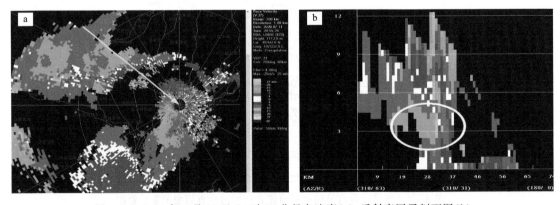

图 4.24　2020 年 7 月 11 日 20 时 55 分径向速度(a)、反射率因子剖面图(b)

4.3.3　雷暴大风预报着眼点

(1)回波发展阶段

此阶段回波整体在加强发展，以对流风暴的移动速度为基础，判断出现大风可能性增大的关键着眼点在于强对流单体组织性的增强。

弓形回波:沿地面辐合线、干线等形成多个对流单体，移动方向与分布方向夹角较大(接近垂直),多单体逐渐发展形成弓形回波,地面风速逐渐加大。

入流大风:在底层径向速度图上表现为小范围的入流风速大值区,一般影响范围小、维持时间短,且常常风速达不到大风,只有上升气流非常强的雷暴附近才能形成大风。

（2）下沉气流阶段

此阶段强回波出现较大范围的坍塌,下沉气流明显增强,配合逐 5 min 自动站填图分析出现冷池,范围扩大形成雷暴高压。坍塌与回波缓慢减弱(消亡)的区别在于坍塌变化速度快,强回波的高度快速下降但强度变化不大。

1)单体质心快速下降

单体质心一个体扫下降 2 km 以上,易出现雷暴大风。因此,在短临监测中单体质心快速下降成为判断大风出现的有效手段。

2)中层径向辐合

在短临监测中一般采取上下翻动速度图寻找中层近距离径向速度对的方法,判断是否发展演变为径向辐合。由于距离较近,忽略两者的高度差异。也可以沿径向制作速度剖面,查看同一高度中层辐合情况。

在引导气流风速较大时,径向辐合变为风速辐合而非风向辐合,而在相对风暴径向速度图中仍为风向辐合,此时在相对风暴径向速度图中更容易发现。

3)强回波坍塌

查看回波坍塌最直观的方法:找到某单体强回波(大于 40 dBZ)在各仰角中面积最大的仰角 β,然后向后翻动一到两个体扫,找到此单体强回波在各仰角中面积最大的仰角 θ,如果强回波最大面积变化不大且 θ 低于 β,则判断为回波坍塌。

（3）气流扩散阶段

此阶段雷达监测到地面大风已在部分地区发生,配合逐 5 min 自动站资料中风力和冷池范围、温度的变化对其未来影响区域进行预报。

1)冷池引起的偏北风翻越阴山

在沿山及阴山北部产生强对流的情况下,冷空气在偏北风的作用下在阴山北侧堆积,强度逐渐增强,范围加大,当足以翻越阴山时,在河套平原形成雷暴大风。

2)低层径向速度大值区

在距离地面较近的摩擦层内探测到大风区,考虑到动量下传等,地面附近出现阵性大风的可能很大(乌拉特前旗可参考大桦背的风速)。

3)阵风锋

临河雷达为 C 波段,且处于平原地区,因此,易观测到阵风锋。但临河雷达监测到的大多数阵风锋移速较慢,且随着阵风锋远离强回波向外扩散,风速逐渐减小,故阵风锋过境时往往未达到 8 级,需结合自动站数据进行订正分析。观测阵风锋一般选用 20 号产品的 0.5°仰角,如果距离小于 60 km,则使用 19 号产品的 0.5°仰角更加清晰。

4)风与地形的叠加作用

磴口至乌拉特后旗段阴山呈西南—东北走向,在西南风(或南风)北上时,易在阴山南侧加强形成大风;代表站点有巴音宝力格镇、呼和温都尔镇、乌盖苏木。

乌拉特中旗机场西侧为阴山山脉稍低部位,由于山脉在此呈东西走向,偏北风和偏南风易在此处加强形成大风。

乌拉特前旗乌拉山呈东西走向,且其南侧山势较北侧陡峭,因此,在西南风或东南风较大时,易在山南侧形成大风,代表站有离山较近的白彦花站。

4.3.4 雷暴大风预报指标

(1)中层径向辐合(>25 m/s)

形成大风中层径向辐合的最大正负速度对的绝对值和一般要求为 25 m/s 以上。在引导气流风速较大时,径向辐合变为风速辐合,因此,为两速度之差;而在相对风暴径向速度图中仍为最大正负速度对的绝对值和。

(2)低层径向速度大值区(>20 m/s)

在距离地面 1.2 km 以下的低空探测到 20 m/s 以上的大风区,地面附近可能出现阵性大风。0.5°仰角径向速度大值区的最大探测距离为 75 km;1.5°仰角径向速度大值区的最大探测距离为 25 km。

(3)阵风锋(>15 m/s)

多数情况下,阵风锋只有某一部分超过 15 m/s,那么只针对这一部分影响区域进行预警。

4.4 小结

本章主要针对冰雹、短时强降水和雷暴大风的形成机制、雷达回波特征进行了分析,总结了预报着眼点和预警指标。

冰雹云的雷达回波特征主要包括 V 型缺口、三体散射、高悬的强回波、入流缺口、钩状回波等。判断冰雹预警指标 VIL 的跃增、强回波高度快速升高等。

短时强降水在雷达最直观的显示是低质心和底层强回波维持。片状混合回波短时强降水的判据是其移动速度和范围大小;带状回波短时强降水的判据是其主轴方向与系统移动方向夹角的大小(重合时即列车效应);强单体回波产生短时强降水的两种类型,即中等垂直风切变中的单体后向传播和对流层中低层风力非常小时维持少动。短时强降水预警最好的定性指标是低空急流。当沿山一带出现较强回波时,要根据低层回波强度和持续时间快速估测降水量,及时发布山洪风险预警。

雷暴大风在雷达上最直观的显示是底层风速大值区。雷达容易产生地面大风的回波形态主要是弓形回波和阵风锋。在比较大的环境垂直风切变条件下,产生地面大风的回波有一个共同的预警指标,就是中层气流辐合。

在实际业务工作中,不能孤立地使用预报着眼点或预警指标。应当在熟练掌握各类强对流天气成因以及多普勒天气雷达回波演变特征的基础上,在深入分析对流潜势及其变化的背景下,在强对流天气发生前和过程中,结合自动站等实况信息反复地进行实时预判,并根据结果对预判分析方法进行校正,只有长期不断地校正才会建立适当的强对流天气预报预警方法。

第5章　特殊天气的雷达回波图例

5.1　飑线

飑线是呈线状排列的对流单体族，其长宽之比大于5∶1。飑线过境伴有风向急转、风速剧增、气压陡升、气温骤降，常出现雷暴、大风、冰雹等剧烈天气现象。

图5.1是2010年5月27日的雷达回波图，飑线从18时55分持续到20时01分，给巴彦淖尔市带来了雷暴、短时强降水和冰雹天气。最大降水量出现在乌拉特前旗的长胜，为18.0 mm，杭锦后旗、五原县降雹。

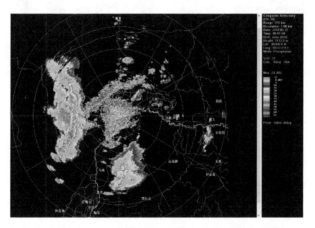

图5.1　2010年5月27日18时55分组合反射率因子

5.2　出流边界

对流风暴中的冷性下沉气流到达低空向外扩散，与低层暖湿气流交汇而引发的地面强风，其前缘就是出流边界（阵风锋）。阵风锋是边界辐合线的一种类型，在天气雷达反射率因子图上呈现为窄带回波，强度从几个雷达反射率因子到十几个雷达反射率因子。图5.2为典型的阵风锋雷达回波。

大量观测表明，边界辐合线附近会触发新的对流风暴生成发展，出现强对流灾害性天气。图5.3是2014年9月25日的雷达回波图。图5.3a中箭头所示为出流边界，图5.3b沿出流边界不断有新生单体，图5.3c沿出流边界前进方向新生单体已经演变为飑线，在乌拉特前旗出现短时强降水及冰雹天气。

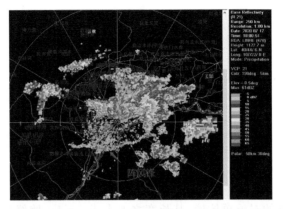

图 5.2　2020 年 7 月 17 日 18 时基本反射率因子

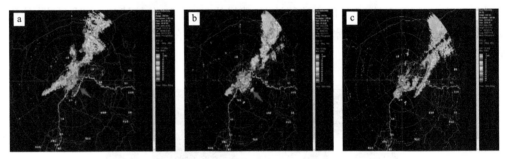

图 5.3　2014 年 9 月 25 日 18 时 47 分(a)、19 时 43 分(b)、20 时 05 分(c)0.5°仰角基本反射率因子

5.3　三体散射

三体散射是一个雷达回波假象,它是向前的雷达波束中部分大降水粒子被散射到地面,地面将散射波反射回空中由降水粒子构成的强散射区域,由地面反射到空中的由降水粒子构成的强散射区域的雷达回波又被散射回雷达。出现三体散射是大冰雹存在的充分条件,不是必要条件。对于 C 波段雷达,三体散射出现不一定表明大冰雹的存在,小冰雹也可以造成三体散射现象。

图 5.4 是 2009 年 8 月 17 日 09 时 09 分时刻,圆圈处为 C 波段雷达观测到三体散射现象,临河区乌兰图克乡 09 时 08 分出现降雹,冰雹最大直径为 4～5 cm,普遍为 1 cm 左右。

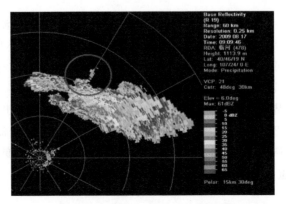

图 5.4　2009 年 8 月 17 日 09 时 09 分 6.0°仰角基本反射率因子

5.4　中层径向辐合(MARC)

中层径向辐合是一种基于天气雷达速度图的速度特征,表示对流单体内部强上升气流与后侧入流急流之间的过渡区域,即距地面 3~7 km 的中层的强辐合区域。研究表明,在 3~7 km 的范围内,如果 MARC 值能达到 25 m/s 以上,可以提前 20 min 预测地面大风。

图 5.5 为 2020 年 7 月 11 日 20 时 55 分观测到的中层径向辐合。速度图 5.5a 中沿黄色箭头进行剖面,图 5.5b 白色圈为中层径向辐合。在杭锦后旗沙海镇东部径向速度垂直剖面上,3~6 km 之间存在明显的中层径向辐合,最大正负速度差值为 25 m/s,在辐合区西南方向杭锦后旗三道桥出现西北大风,极大风速为 27.6 m/s。

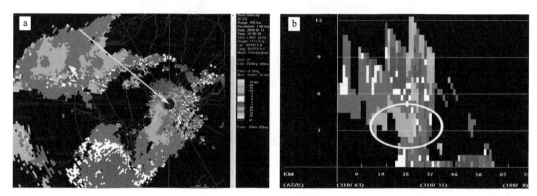

图 5.5　2020 年 7 月 11 日 20 时 55 分径向速度图(a)及反射率因子剖面图(b)

5.5　钩状回波

钩状回波是天气雷达观测到的冰雹云的一种特征形态。冰雹云伴随着低层入流的进一步发展,入口缺口会演变成钩状,常出现在回波移动方向的右侧或右后侧。图 5.6 中白色圆圈为 2016 年 6 月 13 日 15 时 14 分观测到钩状回波。磴口县遭遇冰雹袭击,最大直径 5 cm,降雹持续时间为 15 min,瞬时最大风速 23.6 m/s。

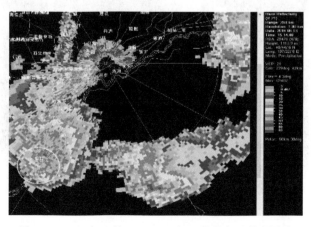

图 5.6　2016 年 6 月 13 日 15 时 14 分基本反射率因子

5.6　逆风区

天气雷达径向速度图中,同一方向的速度区中出现相反方向的速度区,即正速度区中包含负速度区,或负速度区中包含正速度区,称逆风区。它与外围速度场构成了辐合、辐散,或气旋、反气旋结构。逆风区多出现在能带来较强降水的强对流天气过程中。图5.7为2018年7月19日07时53分观测到的逆风区,巴彦淖尔市出现强降水天气,最大降水量为100.6 mm,出现在乌拉特前旗的两眼井。

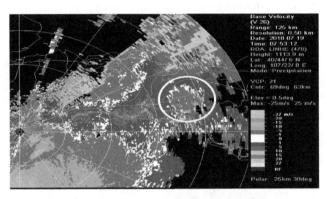

图5.7　2018年7月19日07时53分径向速度图

5.7　V 型缺口

云中有大冰雹形成时,由于大冰雹对雷达回波有较强的衰减作用,电磁波无法穿过冰雹区,在冰雹区外围、远离雷达的一侧可能出现 V 型缺口,这是探测大冰雹最直接有效的指标。图5.8为2011年8月22日观测到的 V 型缺口。乌拉特中旗19—20时自西北向东南出现了雷雨、冰雹、大风等强对流天气。其中,乌拉特中旗海流图镇19时23分开始降雹,持续20 min,同时伴有大风、雷雨天气,短时强降水达46.6 mm/h,突破建站以来最大值。

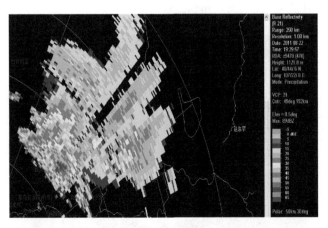

图5.8　2011年8月22日19时29分0.5°仰角反射率因子

5.8　入流缺口

冰雹云在发展阶段,有较强的上升气流,雹云底层入流区内大粒子较少,因而形成弱回波区,反映在低层 PPI 回波上就是一个向云内凹入的缺口,缺口处回波强度梯度大,称入流缺口。图 5.9 为降雹前 30 min 的 0.5 °仰角的基本反射率因子(图 5.9a)和径向速度图(图 5.9b),回波整体向东偏北方向移动,可以看到在强回波前部有入流缺口,磴口县沙金苏木、隆盛合镇遭受冰雹袭击,冰雹直径为 2~3 cm,持续时间 10 min 左右。

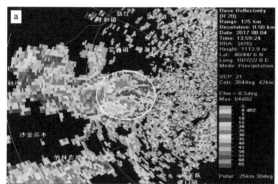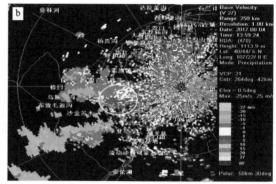

图 5.9　2017 年 8 月 4 日 13 时 59 分 0.5°仰角基本反射率因子(a)径向速度图(b)

5.9　弱回波

弱回波也称"回波穹窿"。来自雷暴云下前方强烈的上升气流倾斜深入云体,在雷暴前部形成强上升气流区,在剖面回波图中表现为无(弱)回波穹窿结构,为弱回波区(WER);与回波墙相配合,成为有界弱回波区(BWER),这些强度回波反映了冰雹的三维结构。

有界弱回波区(BWER)或弱回波区(WER)区域的大小,是判断强降雹的指标。实际业务中可以用同屏显示方式显示四个不同仰角(代表不同高度)的回波强度分布,来快速识别 WER 或 BWER 特征及范围,也可对强回波进行剖面(图 5.10 箭头所指为弱回波区,当日 15 时 25 分五原县境内降雹)。

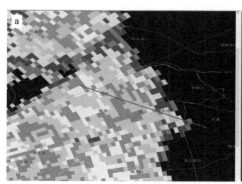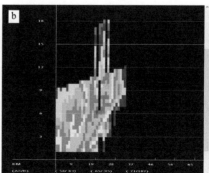

图 5.10　2012 年 7 月 17 日 16 时 02 分五原县胜丰镇 0.5°仰角反射率因子图(a)及强回波反射率因子剖面图(b)

5.10　后向传播

如果回波移动平流方向与传播方向交角大于 145°,甚至完全相反,则称为后向传播,可导致强回波在单体后侧较长时间维持,易产生短时强降水。2020 年 7 月 25 日乌拉特中旗海流图短时强降水就是一个后向传播的例子。图 5.11 在强回波的上游不断有强回波生成,平均风向为西偏南,传播方向为自东向西,两者接近相反,导致海流图上空有强降水回波维持,从 17 时 31 分—18 时,30 min 降水量为 15.4 mm。

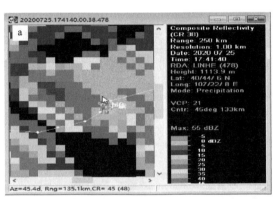
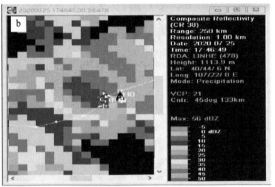
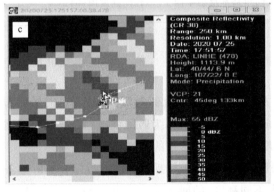
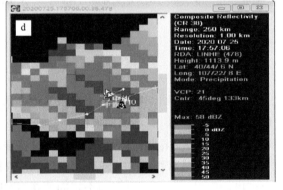

图 5.11　2020 年 7 月 25 日组合反射率

(a)17 时 41 分;(b)17 时 46 分;(c)17 时 51 分;(d)17 时 57 分

5.11　中气旋

中气旋为强对流风暴的上升气流和后侧下沉气流紧密相连的小尺度涡旋。在雷达径向速度回波图上表现为:(1)一对相距很近(最大正、负速度中心之间距离小于等于 10 km)的正、负速度对,并且最大正速度和最大负速度绝对值之和的二分之一大于等于 10 m/s;(2)垂直伸展大于等于风暴垂直尺度的三分之一;(3)满足上面指标持续时间至少为两个体扫。在实际应用时,伸展厚度一般取 2~4 个扫描仰角的高度。

例如 2018 年 7 月 23 日 05—06 时,雷达观测到中气旋(白色圆圈)(图 5.12),乌拉特中旗温更镇区域站短时强降水 20.9 mm/h。

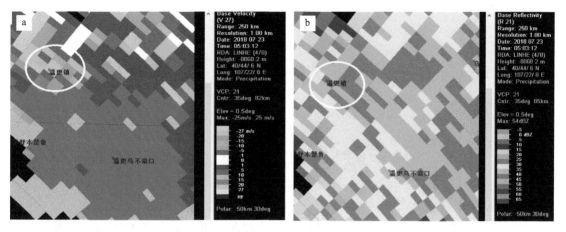

图 5.12　2018 年 7 月 23 日 05 时 03 分速度图(a)和 0.5°仰角基本反射率(b)

第6章 强对流天气个例分析

6.1 2012年6月25日大暴雨天气过程技术分析

6.1.1 过程概况及天气实况

受蒙古冷涡影响,2012年6月25—28日,巴彦淖尔市出现了大到暴雨,局部大暴雨。大暴雨主要集中在杭锦后旗北部、临河区北部、乌拉特后旗沿山及乌拉特中旗西南部沿山一带,最大降水强度出现在乌拉特后旗巴音宝力格镇为42.4 mm/h(27日00—01时),最大降水量出现在杭锦后旗的团结镇民治村达179.3 mm。降水主要集中在三个时段,分别为25日21时至26日14时、26日23时至27日06时和27日10时至27日23时,前两个时段以对流性降水为主,第三个时段以稳定性降水为主。

此次降水过程范围广、时间长、强度大,造成巴彦淖尔市沿山沟口大面积山洪、水库溢洪,农田严重积水,导致农作物倒伏,城市严重内涝,部分房屋倒塌,属于特大洪涝灾害。根据巴彦淖尔市自动站网监测,2012年6月25日08时—28日08时出现短时强降水(≥15.0 mm/h)的有14个站(表6.1)。

表6.1 巴彦淖尔市2012年6月25—28日小时降水强度≥15 mm/h站点统计

站名	累积雨量(mm)	小时降水强度(mm/h)
乌拉特后旗	149.0	42.4(27日00—01时)
杭锦后旗	106.2	36.8(26日03—04时)
杭锦后旗二道桥镇	75.9	28.3(26日03—04时)
五原县巴彦套海镇	86.1	24.2(26日01—02时)
乌拉特中旗	129.3	23.0(27日01—02时)
乌拉特前旗	60.3	22.9(26日08—09时)
乌拉特后旗乌盖苏木	158.8	22.0(27日14—15时)
杭锦后旗团结镇	168.3	20.6(27日04—05时)
五原县天吉泰镇	90.6	20.0(27日15—16时)
乌拉特后旗呼和温都尔镇	137.0	18.6(26日04—05时)
五原县塔尔湖镇	84.8	17.3(26日00—01时)
临河区新华镇	102.6	16.8(26日00—01时)
乌拉特后旗宝音图苏木	42.1	16.1(25日22—23时)
乌拉特后旗海力素	46.1	15.2(27日08—09时)

6.1.2　环流形势与主要天气系统

24 日 20 时 500 hPa 有两脊一槽位于东亚大陆上空,其中,我国东北地区及巴尔喀什湖北部各有一个高压脊,贝加尔湖到蒙古国为一低涡,巴彦淖尔市处在低涡南部槽的后部西北气流中。巴尔喀什湖北部高压脊向北发展,北极冷空气沿脊前偏北气流向低涡输送,促使低涡发展加强。同时我国东北地区高压脊稳定少动,起到阻挡低涡东移的作用。到 25 日 08 时巴彦淖尔市仍处于低涡底部的西北气流控制中。副热带高压西侧暖平流的动力加压致使 580 dagpm线向北伸展同东北高压脊叠置,形成大陆高压,这时巴彦淖尔市处于西低东高形势之下。

25 日 20 时(图 6.1a,b),500 hPa 巴彦淖尔市处于低涡前部西南气流中。700 hPa、850 hPa 临河区与乌拉特中旗、阿拉善盟东部均有切变线影响,同时 700 hPa 有一支来自北部湾最大风速为 12.0 m/s 的南风急流和 850 hPa 有一支来自东海最大风速为 12.0 m/s 的东南风急流不断向巴彦淖尔市输送水汽。

到 26 日 20 时(图 6.1c,d),500 hPa 副热带高压明显西伸,蒙古低涡向东北方向移动,巴彦淖尔市处于低涡底前部西南气流中,一支来自孟加拉湾最大风速为 10.0 m/s 的东南风水汽输送通道已建立。700 hPa、850 hPa 的水汽输送强度有所加强。

到 27 日 08 时(图 6.1e,f),500 hPa 副热带高压继续西伸,低涡仍向东北方向移动,巴彦淖

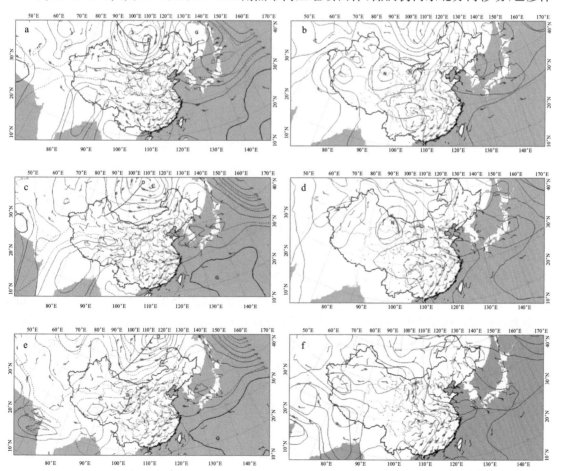

图 6.1　2012 年 6 月 25 日 20 时(a,b)、26 日 20 时(c,d)、27 日 08 时(e,f)500 hPa 与 850 hPa 高空形势图

尔市仍处于涡底槽前的西南气流中,西南气流继续加强,最大风速为 14.0 m/s。700 hPa 巴彦淖尔市及阿拉善盟均有切变线,850 hPa 阿拉善盟东南部受"人字形"切变线控制。来自北部湾和东海的偏南、东南低空急流继续向巴彦淖尔市输送水汽。

海平面气压场上(图 6.2),25 日 20 时巴彦淖尔市处于河套气旋顶前部控制,该气旋位于 500 hPa 低涡前部,由于涡前的正涡度平流的加强,有利于地面减压,促使河套气旋发展,辐合抬升加强,为降水提供动力条件。随着高空低涡向东北方向移动,地面低压中心逐渐远离巴彦淖尔市,但仍处于低压带范围内。至 27 日 08 时,巴彦淖尔市仍位于低涡底部、高空槽前正涡度平流的影响,有利于地面减压,促使气旋发展。

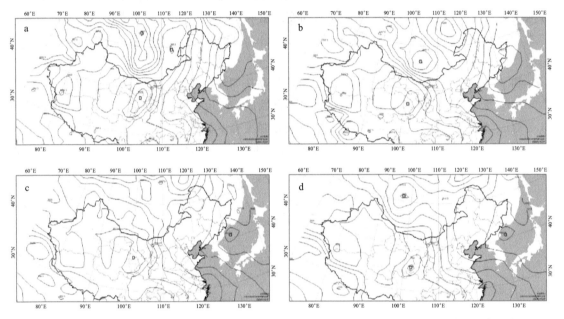

图 6.2 2012 年 6 月 25 日 20 时(a)、26 日 08 时(b)、26 日 20 时(c)27 日 08 时(d)海平面气压场

此次强降水天气过程是在中高纬西低东高环流背景下,低空西南暖湿气流的不断供给、副热带高压不断西进、低空切变线与河套气旋的共同作用下产生的。

6.1.3 探空图分析

由于降水量较大的站点距离临河区较近,选取临河站(53513)探空图进行分析。

25 日 08 时 T-$\ln P$ 图(图 6.3a),呈 V 型的不稳定状态,到 25 日 20 时(图 6.3b),650 hPa 以上为不稳定区域,$CAPE$ 值由 297.4 J/kg 增加到 1719.3 J/kg,不稳定性明显增强。K 指数由 32 ℃ 增加到 40 ℃,A 指数由 −11 ℃ 跃增到 9 ℃,SI 指数由 −2.96 ℃ 降低到 −4.61 ℃。大气不稳定度增强的原因主要有两个方面:一是 25 日 15 时前全市大范围晴空区,太阳的辐射升温作用有利于不稳定度的加强;二是受低层暖湿气流加强的影响,造成上干下湿对流性不稳定层结的加强。结合本书第 2 章总结的气象指数均达到了本地强对流天气发生条件,预示着夜间将产生强降水。实况为 25 日 21 时第一阶段强降水开始。

26 日 08 时(图 6.3c),由于此前巴彦淖尔市已出现降水,$CAPE$ 值下降到 4.5 J/kg,K 指数下降到 27 ℃。26 日 20 时(图 6.3d)$CAPE$ 值又增强到 270.1 J/kg,K 指数增加到 33 ℃,A 指数由 11 ℃ 增加到 13 ℃,SI 指数由 4.78 ℃ 降低到 −1.55 ℃。大气不稳定度由减弱到又开

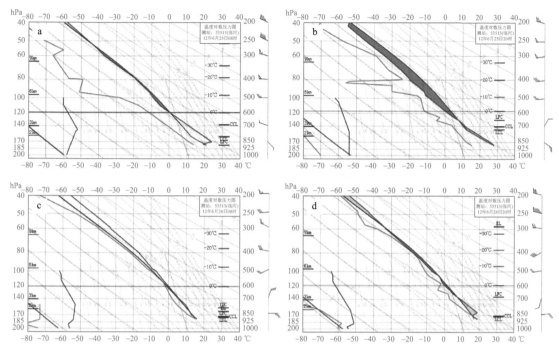

图 6.3　2012 年 6 月 25 日 08 时（a）、20 时（b）、26 日 08 时（c）、20 时（d）临河站 T-$\ln P$ 图

始增强，其主要原因有两个方面：一是由于 25 日夜间产生的是强对流降水天气，26 日白天大部分不稳定能量已得到释放，不稳定度明显减弱；二是低层持续的暖湿气流输送水汽，及第一阶段的降水使得近地面湿度较大，逆温层明显加强，使 26 日夜间大气的不稳定度又开始增强，预示着夜间又将产生强降水。实况为 26 日夜间 23 时至 27 日凌晨第二阶段又出现了强降水。

27 日 08 时（图略），前期降水使得不稳定能量大量释放，逆温层消失，整层大气湿润，到 27 日 20 时（图略），各项气象指数没有明显的变化。因此，27 日白天以稳定性降水为主。

6.1.4　卫星云图演变特征

本次降水过程中，第一、二阶段的强降水由中尺度对流云团造成（图 6.4），第三阶段的降水由层状云云系造成。

25 日 21 时，巴彦淖尔市西北部地区有对流云团 A 生成，26 日 01 时，A 云团东移至东部并发展加强，云顶亮温 230 K，西北部又有 B 云团生成。26 日 04 时，B 云团东移发展，迅速加强，云顶亮温也达 230 K。受 B 云团影响，26 日 03—04 时杭锦后旗陕坝镇降水量为 36.8 mm，二道桥镇降水量为 28.3 mm，之后又有 C，D，E 云团生成并向东北方向移动，截至 26 日 12 时，降水云系减弱，第一阶段的强降水西部趋于结束，东部地区仍有小雨。

27 日 01 时，巴彦淖尔市东部地区有对流云团 G 生成，受 G 云团影响，27 日 00—01 时，乌拉特后旗巴音宝力格镇降水量为 42.4 mm，03 时 G 云团迅速发展加强东移至巴彦淖尔市东部地区产生降水，同时阿拉善盟东部有 H 云团生成并逐渐向巴彦淖尔市西部推进，27 日 06 时 H 云团和 G 云团影响巴彦淖尔市大部地区。第二阶段的强降水主要出现在 27 日 00—03 时。

第三阶段降水在 27 日 09—20 时，为层状云降水，在此不做重点分析。

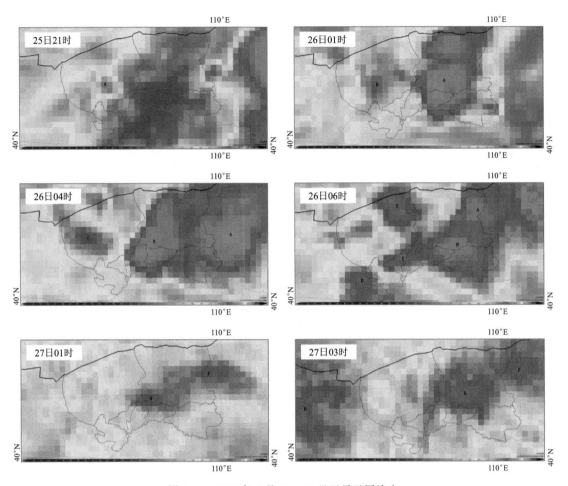

图 6.4 2012 年 6 月 25—27 日卫星云图演变

6.1.5 雷达回波特征

分析 2012 年 6 月 25—27 日多普勒天气雷达回波(图 6.5)及 6 月 25—26 日经向速度演变(图 6.6)可知,25 日 22:12 乌拉特后旗沿山有强对流单体形成,与红外云图中对流云团 A 对应,组合反射率因子最强为 65 dBZ,VIL 最强为 53 kg/m²,径向速度图中有速度的辐合,低层存在暖湿急流,强单体在东移的过程中逐渐减弱,且有新的单体不断生成,截至 26 日 01 时 19 分,杭锦后旗西南部生成的对流单体,逐渐加强东北向移动,同时乌拉特后旗西部沿山有回波形成并东南向移动,两路回波均经过杭锦后旗一带,致杭锦后旗陕坝镇短时强降水为 36.8 mm/h (26 日 03—04 时),24 h 累积降水量 61.3 mm(25 日 20 时—26 日 20 时),达到暴雨量级。27 日 00 时 04 分乌拉特后旗沿山有强对流单体形成,组合反射率因子最强为 58 dBZ,VIL 最强为 23 kg/m²,强单体在东移的过程中移速缓慢,同时,有新的单体不断生成,有后向传播特征,造成乌拉特后旗沿山一带及杭锦后旗降水量较大,其中乌拉特后旗巴音宝力格镇 2 h 累积雨量达 71.7 mm (27 日 00—02 时),达到暴雨。

27 日 09 时 07 分—15 时 51 分,巴彦淖尔市西南部受层状云降水回波影响,组合反射率因子最强为 40 dBZ,VIL 最强为 10 kg/m²,巴彦淖尔市出现大范围稳定性降水。

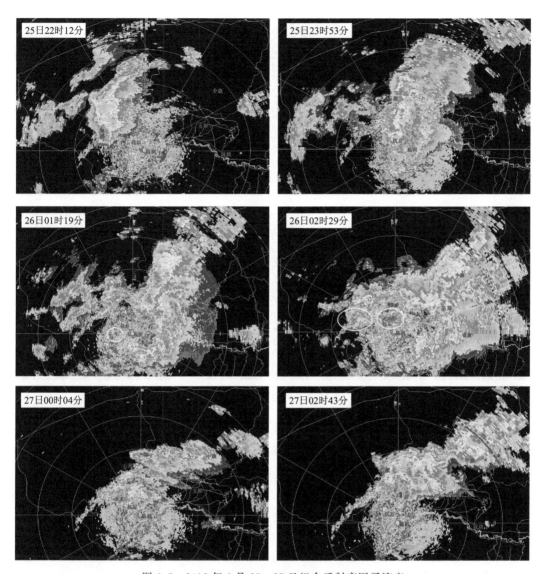

图 6.5　2012 年 6 月 25—27 日组合反射率因子演变

6.1.6　预报预警思路及着眼点

（1）潜势预报思路及着眼点

本次暴雨天气过程,主要影响系统是蒙古冷涡。500 hPa 在中高纬度西低东高环流背景下,东北地区的阻塞高压稳定少动,高空低涡移动缓慢,副热带高压西伸,其外围的西南气流发展旺盛,建立起了向巴彦淖尔市输送水汽的通道。在中低层来自北部湾和东海的偏南、东南低空急流的建立,副热带高压不断西进,低空切变线与河套气旋的共同作用下,引发强降水天气。

从探空 T-$\ln P$ 图上分析,降水前期 25 日 08 时,临河站探空曲线呈 V 型的不稳定状态,25日 20 时,不稳定状态明显加强,形成上干下湿不稳定层结,各项气象指数已达到本地强对流天气指标,700～500 hPa 为暖平流。判断在 25 日夜间有强降水天气产生。26 日 20 时,临河站探空整层湿度较好,不稳定能量有加强的趋势,500 hPa 以下均为暖湿平流,0～6 km 垂直风

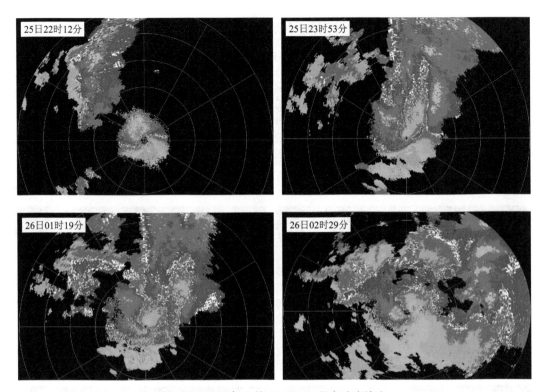

图 6.6 2012 年 6 月 25—26 日径向速度演变

切变不大。判断 26 日夜间仍有短时强降水天气。27 日 08 时,临河站探空整层湿度较好,400 hPa 以下 $T-T_d \leqslant 3$ ℃,加之前期降水使得不稳定能量基本释放完,判断 27 日白天到夜间以稳定性降水为主。

(2)临近预报思路及着眼点

东北地区的阻塞高压稳定少动,高空低涡移动缓慢,副热带高压西伸,冷空气势力弱,预示降水天气系统移动将较为缓慢。

25 日午后至傍晚,河套气旋影响巴彦淖尔市,暖锋发展,根据卫星云图和雷达回波的演变,预示将有强降水产生。

天气尺度环流提供的背景场决定了产生的强对流天气类型为短时强降水,局地伴有大风。

(3)预警信号发布及依据

第一次发布预警信号:26 日 03 时 10 分发布山洪黄色风险预警,影响区域为乌拉特后旗、乌拉特中旗沿山一带。

预警依据:

1)25 日 23 时—26 日 00 时,乌拉特后旗乌盖镇降水量为 11.4 mm/h,26 日 02—03 时为 20.9 mm,累积降水量为 32.3 mm,预计未来 1~2 h 强降水仍将持续。

2)乌拉特后旗、乌拉特中旗沿山一带有 45~50 dBZ 的回波存在,且移动缓慢,预计未来雷达回波单体有加强和不断新生的趋势。

3)巴彦淖尔市上空存在强的中尺度对流云团,有加强发展的趋势,辐射亮温最低值达 210 K,且之后仍有新的单体不断新生—加强—消亡。

第二次发布预警信号:27 日 00 时 35 分发布黄色山洪灾害气象预警,影响区域乌拉特后旗沿山一带。

预警依据:

(1)27 日 00 时左右杭锦后旗北部的强回波开始影响乌拉特后旗沿山一带,00 时 04 分低层 R 最强为 48 dBZ,00 时 09 分为 53 dBZ,00 时 15 分为 43 dBZ,00 时 20 分为 43 dBZ 强回波持续三个体扫,结合本书第 4 章中根据最强反射率因子对 00 时 04—20 分降水量进行估算,结果为 11.8 mm(而雷达实际接收到的产品滞后 10 min 左右)。

(2)由于杭锦后旗北部的强回波继续向北发展,因此,判断乌拉特后旗沿山降水仍将持续并引发山洪。

第三次发布预警信号:27 日 01 时 10 分发布暴雨蓝色预警信号,影响区域乌拉特后旗。

预警依据:

(1)27 日 00—01 时乌拉特后旗巴音宝力格镇降水量为 42.4 mm。

(2)乌拉特后旗沿山有 60 dBZ 的强回波存在,强单体在东移的过程中移速缓慢,有新的单体不断生成,有后向传播特征。

(3)巴彦淖尔市上空存在强的中尺度对流云团,有加强发展的趋势,*辐射亮温最低值达230 K*,之后又有阿拉善盟一带的云系东移至乌拉特后旗沿山一带继续发展影响。

(4)第四次发布预警信号:27 日 08 时 10 分发布暴雨蓝色预警信号,影响区域临河区、杭锦后旗、五原县、乌拉特前旗、乌拉特中旗、乌拉特后旗。

预警依据:

(1)27 日 00—08 时累积降水量:杭锦后旗团结镇为 82.5 mm,乌拉特中旗海流图镇为47.7 mm,乌拉特中旗温更镇为 44.5 mm,乌拉特后旗乌盖镇为 40.1 mm。

(2)巴彦淖尔市西南部有以层状云回波为主,强度为 45 dBZ 的回波存在,预计强回波持续且东北向移动,逐渐向全市推进。

(3)银川一带的涡旋云系不断向东北方向移动,与巴彦淖尔市上空的高空槽云系合并加强。

(4)垂直风廓线图显示,25 km 等距离圈内 4.5 km 以下为偏南风,强度为 6～10 m/s,4.5～8.0 km 为西南风,强度为 6～28 m/s,暖湿气流的输送为降水提供了良好的水汽条件。

6.2 2012 年 7 月 17 日冰雹暴雨天气过程技术分析

6.2.1 天气实况

受冷暖空气共同影响,2012 年 7 月 17 日巴彦淖尔市大部地区出现小到中雨,局部地区大到暴雨。104 个雨情站中,94 个站出现降水,62 个站大于 10 mm,17 个站大于 25 mm,2 个站大于 50 mm,最大降水量出现在五原县的向阳乡为 55 mm,最大降水强度出现在五原县巴彦套海镇 42 mm/h。五原县 4 个乡镇(胜丰镇、复兴镇、巴彦套海镇、和胜乡)出现冰雹,冰雹最大直径约 0.7 cm。乌拉特后旗沿山有八条沟口出现不同程度的山洪。

根据巴彦淖尔市自动站网监测统计,2012 年 7 月 17 日 08 时—18 日 08 时出现短时强降水(≥15.0 mm/h)的有 4 站(表 6.2)。

表 6.2　巴彦淖尔市 2012 年 7 月 17 日 08 时—18 日 08 时小时降水强度≥15.0 mm/h 站统计

站名	累积雨量(mm)	小时降水强度(mm/h)
乌拉特后旗呼和镇	39.6	21.7(13~14)
五原县巴彦套海镇	49.0	42.0(15~16)
五原县胜丰镇	36.1	31.2(16~17)
乌拉特前旗新安镇	21.6	18.2(16~17)

根据巴彦淖尔市气象站观测统计,2012 年 7 月 17 日有 5 个乡(镇)出现冰雹(表 6.3)。

表 6.3　巴彦淖尔市 2012 年 7 月 17 日 08 时—18 日 08 时冰雹站点统计

站点	冰雹时间	持续时间(min)	冰雹直径(cm)
五原县复兴镇	14 时 55 分	4	0.4
五原县巴彦套海镇	15 时 25 分	3	0.6
五原县复兴镇	15 时 25 分	2	0.5
五原县向阳镇	15 时 28 分	2	0.3
五原县胜丰镇	16 时 05 分	5	0.7

6.2.2　环流形势与主要影响系统

2012 年 7 月 17 日 08 时(图 6.7),500 hPa 西太平洋副热带高压(以下简称副热带高压)稳定少动,贝加尔湖附近维持深厚的冷涡系统。巴彦淖尔市位于高压脊后高空槽前,河套地区东部受 584 dagpm 闭合高压中心控制,西南暖湿气流输送通道建立,为巴彦淖尔市南部地区降水提供有利的水汽条件。同时,干冷空气在槽后西北气流的作用下不断进入河套地区。700 hPa 巴彦淖尔市南部有较强的西南急流,有利于暖湿气流输送,大部地区温度露点差≤4 ℃,具备较好的湿度条件。阿拉善盟东部有明显的气旋式辐合切变线,未来将向东移动影响巴彦淖尔市。850 hPa 切变线位于巴彦淖尔市乌拉特后旗沿山一带,其南部湿度条件较好,温度露点差≤5 ℃,东部受暖中心控制,中心强度达 20 ℃,表明低层暖湿气流明显,切变线的右侧有明显的暖湿平流,为强对流天气的发生提供了水汽和热量条件。海平面气压场中可以看出,巴彦淖尔市受低压带影响,地面辐合明显加强。受地面冷锋东移影响,高层有弱冷空气南下,与低层暖湿气流交汇,有利于触发强对流天气。

6.2.3　探空图分析

此次强对流天气主要发生在巴彦淖尔市南部地区,故选取临河站(53513)探空图进行分析。从 17 日 08 时探空图(图 6.8)可知,700~300 hPa 为不稳定层结,中低层以偏南暖湿气流为主,湿度条件好,中高层(500~400 hPa)有明显的"喇叭口"形状,存在干冷空气侵入,地转风随高度顺转,有暖平流,有利于辐合上升运动。$T_{850}-T_{500}$≥24 ℃,K 指数为 36.9 ℃,SI 指数为−0.43 ℃,$CAPE$ 值为 453 J/kg,CIN 值 128.9 J/kg。依据本书第 2 章中总结的气象指数分析,已具备了发生强对流天气的条件。白天升温明显,预计午后最高气温可达 26 ℃,订正后的 $CAPE$ 值将达到 968 J/kg,CIN 则减小为 0 J/kg。从环境条件看,一旦冲破抑制,午后将会有强对流天气发生。同时,由于 500 hPa 有干冷空气侵入,有利于对流大风的出现。0 ℃层高度为 5 km 左右,−20 ℃层高度为 8 km,有利于强降水和冰雹的产生。

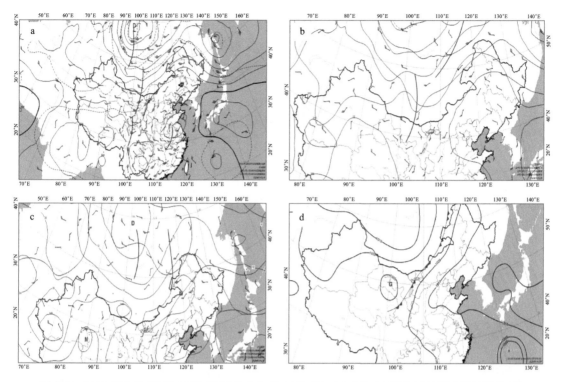

图 6.7　2012 年 7 月 17 日 08 时 500 hPa(a)、700 hPa(b)、850 hPa(c)高空图与海平面气压场(d)

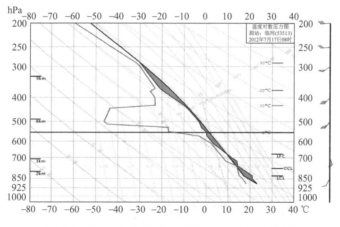

图 6.8　2012 年 7 月 17 日 08 时临河站 T-ln$P$ 图

6.2.4　MCS(中尺度对流系统)在红外云图中的演变及其结构特征

从图 6.9 中可见,对流云团 5 月 17 日 13 时形成于磴口县,与 850 hPa 切变线位置相对应。13 时 30 分东移至磴口县东部,然后在高空引导气流的作用下向东北方向缓慢移动,水平尺度由几十千米发展到 100 km 以上,南北宽度达到 200 km。14 时以前临河区以东地区为晴空,太阳辐射有利于地面增温和不稳定能量的积累,14 时以后对流云团经过临河区,至 14 时 30 分开始影响五原县天吉泰镇附近,15 时控制五原县西部,此时五原县复兴镇开始降雹,15 时 30 分云团进一步东北移动,控制五原大部地区,复兴镇和巴彦套海镇降雹,16 时主要影

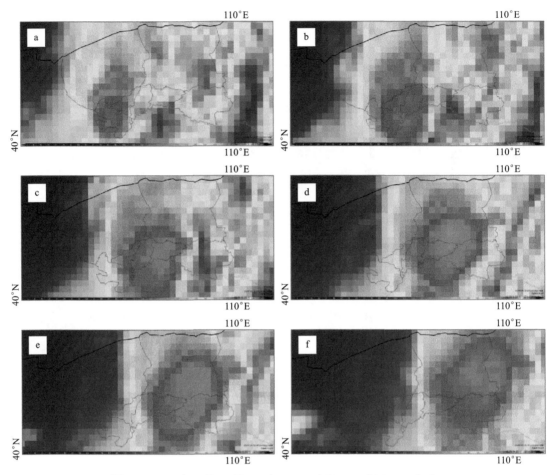

图 6.9　2012 年 7 月 17 日 13 时(a)、14 时(b)、15 时(c)、16 时(d)、
16 时 30 分(e)、17 时 30 分(f)中尺度对流云团回波

响五原县东部及乌拉特前旗西部,胜丰镇开始降雹。16 时 30 分继续向东北方向移动,影响乌拉特前旗西北部和乌拉特中旗东南部,并产生降水。

冰雹发生时,云团边界较为光滑,色调十分白亮,降雹时云团最强处 TBB 为 -50 ℃,且对流云团发展迅速,移动较快,生命周期相对较短。冰雹发生的时次,上风边界比较光滑和整齐,下风边界有卷云毡出现,表明有较强的垂直风切变。强对流云团在五原县境内发展成熟并维持时间较长,因此,五原县境内除降雹外,伴随有短时强降水产生。

6.2.5　MCS 在天气雷达图中的演变及其结构特征

14 时 03 分从鄂尔多斯市北部至五原县南部有强对流雷达回波向东北方向移动,进入五原县境内逐渐加强,15 时 33 分位于五原县复兴镇境内,最强雷达回波维持在 60 dBZ 上下,16 时 24 分雷达回波减弱,基本移出五原县境内。

(1)强反射率因子

从 15 时 08 分和 15 时 57 分组合反射率因子(图 6.10)可见,雷达回波强度达 60 dBZ 以上,且在五原县境内维持时间近 1 h,表明垂直对流发展旺盛且持久,有利于冰雹的产生。

(2)悬垂回波

从 15 时 57 分五原县胜丰镇的强雷暴单体的多仰角反射率因子(图 6.11)可见,低层弱

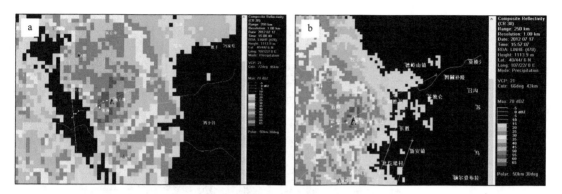

图 6.10　2012 年 7 月 17 日 15 时 08 分(a)、15 时 57 分(b)雷达组合反射率因子

回波区上有回波顶倾斜,表明存在回波悬垂。低层弱回波区对应入流,表明有上升气流,而强烈的上升气流不仅给冰雹云输送水汽,维持对流云的发展,而且这支上升气流形成的托举作用能够使小冰粒停留在云中,直到冰雹生长到足够大时才脱离对流云并迅速降落到地面。

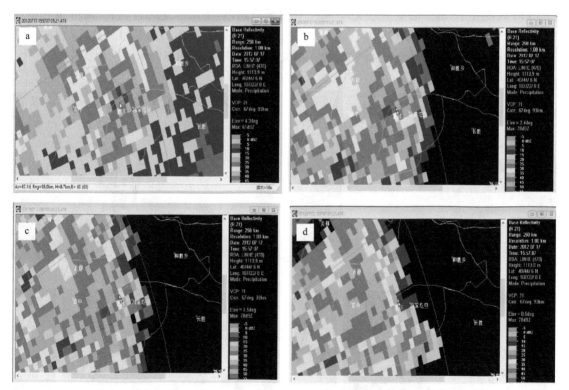

图 6.11　2012 年 7 月 17 日 15 时 57 分多仰角反射率因子
4.3°(a);2.4°(c);1.5°(b);0.5°(d)

　　图 6.12 给出了五原县胜丰镇附近雷达反射率因子垂直剖面,可以看出低层具有弱回波区,中高层有回波悬垂,高悬的强反射率因子回波,强反射率因子回波(≥45 dBZ)伸展至 9 km 高度以上。同时还有对流冲顶,表明上升气流特别强烈。结合降雹实况,胜丰镇冰雹直径为 0.7 cm 左右,分析与当日 0 ℃层偏高,冰雹在下落过程中融化作用没有达到大冰雹。

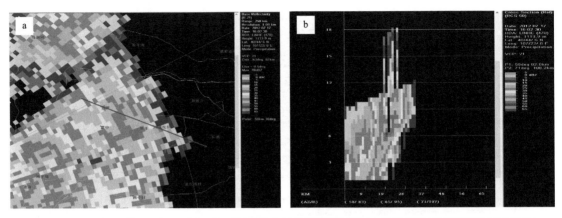

图 6.12 2012 年 7 月 17 日 16 时 02 分五原县胜丰镇反射率因子图(a)及强回波反射率因子剖面图(b)

(3)风场特征

速度场也是监测强对流天气的有效手段之一。在此次强对流天气过程中,从 15 时 51 分雷暴单体多仰角径向速度可见(图 6.13),五原县胜丰镇中低层有明显的速度大风区(胜丰镇 2.5 km 高度有 12 m/s 的低空急流)。低层有明显的辐散,中层有逆时针辐合,高仰角有明显的顺时针辐散,这是冰雹的指示特征之一。此外,同时存在深厚而持久的中气旋,强烈的上升气流不仅给冰雹云输送水汽,还维持对流云的发展,有利于冰雹和强降水的产生。

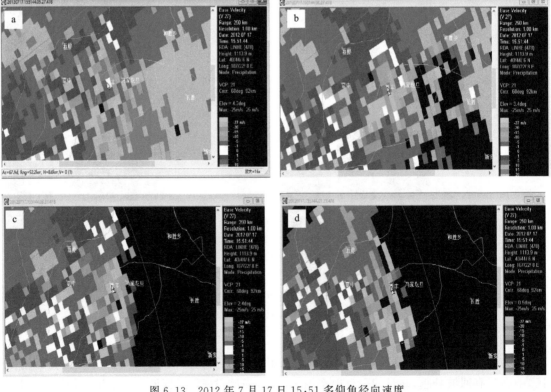

图 6.13 2012 年 7 月 17 日 15:51 多仰角径向速度
(a)4.3°;(c)3.4°;(b)2.4°;(d)0.5°

(4)VIL 及跃增

从 14 时 33 分至 14 时 45 分垂直液态水含量连续三个体扫跃增 30 kg/m²(图 6.14a),14 时 45 分强回波中心高度接近 6 km,14 时 55 分五原县复兴镇观测到冰雹。15 时 19 分至 15 时 31 分垂直液态水含量略减小至 30 kg/m²,强回波中心高度维持在 4.5 km,雷达回波强度仍维持在 56 dBZ 上下,15 时 25 分和 15 时 28 分在巴彦套海镇南部和北部观测到冰雹。强回波继续东北移动,15 时 43 分至 15 时 55 分垂直液态水含量又连续跃增至 50 kg/m²,雷达回波强度增强至 60 dBZ 以上,15 时 55 分分强回波中心高度达 6 km,16 时 05 分胜丰镇观测到冰雹(图 6.14b)。

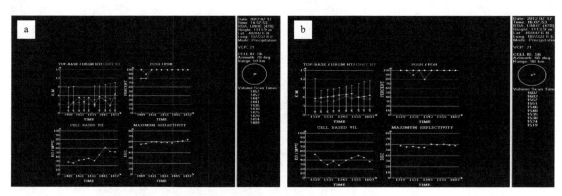

图 6.14　2012 年 7 月 17 日 14 时 57 分(a)、16 时 07 分(b)单体趋势

(5)雷达回波经过黄河特征

夏季午后,黄河两岸下垫面为平原和沙漠,升温快,而黄河河面升温慢,对流单体在移动发展的过程中,经常出现经过黄河时减弱,移动到黄河以北后又加强的现象。此次强对流天气雷达回波存在经过黄河之后强度明显加强的现象,并产生强对流天气(图 6.15)。

(6)三体散射

三体散射是冰雹的指示特征之一。此次强对流天气过程中,雷达回波在 15 时 03 分出现三体散射特征(图 6.16),因此,可以判定此次强对流天气过程伴有冰雹发生。

6.2.6　预报思路及着眼点

(1)潜势预报思路及着眼点

1)主要影响系统

本次强对流天气主要影响系统是高空冷槽类。500 hPa 巴彦淖尔市与阿拉善盟交界处有高空槽并东移,下游暖高压脊稳定少动;700 hPa 河套地区南部有较强的西南急流,有利于暖湿气流的输送,巴彦淖尔市大部地区温度露点差≤4 ℃,具备较好的湿度条件;850 hPa 暖湿气流明显,为强对流天气的发生提供了充足的水汽和热量条件。海平面气压场中,巴彦淖尔市受低压带控制,地面辐合明显加强。受地面冷锋东移影响,高层弱冷空气与低层的暖湿气流交汇,有利于触发强对流天气的发生。

从以上高低层天气系统的配置表明:巴彦淖尔市上空已具备水汽和不稳定条件,且低层配合暖中心有利于位势不稳定层结建立,地面为低压带,为此次过程提供了动力强迫。在较好的环境背景条件下(热力、水汽条件),位势不稳定不断加强(斜压锋生),配合有利的动力条件(切变线、地面低压),产生此次冰雹、短时强降水天气过程。

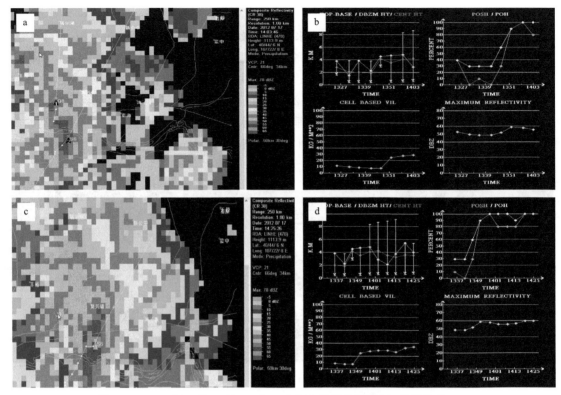

图 6.15　2012 年 7 月 17 日 14 时 03 分组合反射率因子(a)、单体趋势(b),
14 时 25 分组合反射率因子(c)、单体趋势(d)

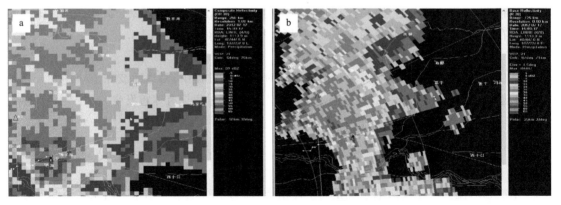

图 6.16　2012 年 7 月 17 日 15 时 03 分组合反射率因子(a)、1.5°仰角基本反射率因子(b)三体散射特征

2)T-$\ln P$ 图

08 时临河探空图显示(图略),700~300 hPa 为不稳定层结,存在上干冷下暖湿的条件,同时,各项气象指数达到了本地发生强对流天气的指标,因此,有利于产生冰雹、强降水等强对流天气。

(2)临近预报思路及着眼点

从雷达回波上判断冰雹、短时强降水的发生,主要有以下几点。

1)强度:组合反射率因子强度在 60 dBZ 以上;

2)形态:雷达回波形态具有中气旋、弱回波区、三体散射的存在;

3)雷达回波垂直特征:雷达回波顶是否倾斜、-20℃层以上是否有强回波的存在;

4)径向速度特征:是否存在中层径向辐合,风暴顶辐散;

5)VIL值跃增:出现连续跃增(最少三个体扫)的特征时,有可能发生冰雹天气;

6)回波移动路径:尤其是对流系统从鄂尔多斯市向巴彦淖尔市移动越过黄河时,回波强度将增强。

(3)预警分析

1)冰雹预警信号:14时03分发布五原县冰雹橙色预警信号,局地伴有6~8级大风。

预警依据:

① 从卫星云图演变可见,MCS结构越来越密实,云顶亮温越来越低(30 min云顶温度降低11 ℃),预计未来30 min内云系将发展加强;

② 从风雹追踪路径判断强回波自西南至东北方向移动,目前位于黄河南岸鄂尔多斯境内,组合反射率因子已达60 dBZ,预计雷达回波在向北移动越过黄河进入巴彦淖尔市后继续加强的可能性;

③ VIL经过三个体扫出现20 kg/m² 的跃增;

④ 强回波(≥45 dBZ)高度在5 km以上;

⑤ 冰雹指数和强冰雹指数都已达100%;

⑥ 雷达径向速度1.5°仰角出现低空急流,并伴有辐合。

2)暴雨预警信号:16时02分发布五原县暴雨蓝色预警信号,并伴有短时强降水。

预警依据:

① 截至16时巴彦套海镇降水总量已达42.3 mm,预计未来30 min内降水将持续,降水量达到50 mm或以上;

② 从云图的演变可见,MCS结构密实,移动缓慢;

③ 从16时02分雷达回波上判断,回波整体自西南向东北方向移动,五原县南部依然维持强回波,强度达60 dBZ,并不断有新对流单体产生,预计新生单体将向东北方向移动发展并加强形成列车效应,有利于五原南部产生暴雨;

④ 从雷达径向速度图显示,五原县南部低层有明显的低空急流,有利于水汽输送和动力抬升。

6.3 2020年7月4日大风冰雹天气过程技术分析

6.3.1 天气实况

2020年7月4日14—22时,巴彦淖尔市出现分布不均匀的阵雨或雷阵雨天气,大部地区出现小雨,乌拉特中旗中部、乌拉特前旗东部出现中雨,最大降水量出现在乌拉特中旗海流图镇,为22.3 mm(图6.17),最大降水强度也出现在海流图镇,为15.0 mm/h(17—18时)。

16—18时临河区新华镇、杭锦后旗团结镇和蛮会镇、乌拉特中旗海流图镇、巴音乌兰苏木和乌拉特中旗机场、五原县丰裕乡等地出现冰雹。

17—20时,乌拉特后旗、乌拉特中旗、杭锦后旗、五原县、乌拉特前旗出现短时大风,95个测风站中46个站≥17.2 m/s(8级)瞬时风速达8~11级,最大出现在乌拉特前旗白彦花镇29.4 m/s(11级)(图6.18)。

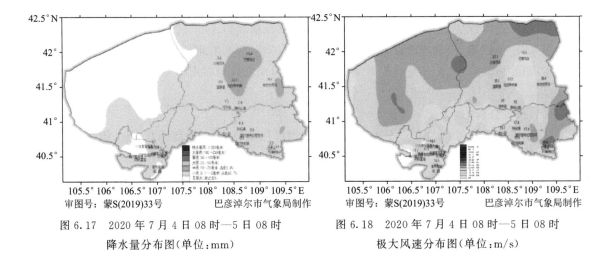

审图号：蒙S(2019)33号　　巴彦淖尔市气象局制作

图 6.17　2020 年 7 月 4 日 08 时—5 日 08 时
降水量分布图(单位:mm)

审图号：蒙S(2019)33号　　巴彦淖尔市气象局制作

图 6.18　2020 年 7 月 4 日 08 时—5 日 08 时
极大风速分布图(单位:m/s)

6.3.2　环流形势与主要天气系统

2020 年 7 月 4 日 08 时(图 6.19),500 hPa 巴彦淖尔市受高压脊前的西北气流影响,具有风速辐合,西北气流携带冷空气在此地堆积;700 hPa 同样受西北气流控制,在巴彦淖尔市地区具有风速辐合,表明中高层有干冷空气侵入,有利于风雹天气的产生;850 hPa 在阿拉善盟东南部及巴彦淖尔市中部有切变线影响,同时有暖舌伸入,有利于低层增暖。$T_{850} - T_{500}$ 达 29 ℃,促使温度垂直递减率加大,形成上冷下暖的热力不稳定层结,有利于强对流天气产生;受地面鞍形场控制,08—14 时上游地面低压东移,巴彦淖尔市受地面低压前部控制,西部有地面辐合线形成,致使低层辐合增强,有利于触发强对流天气。

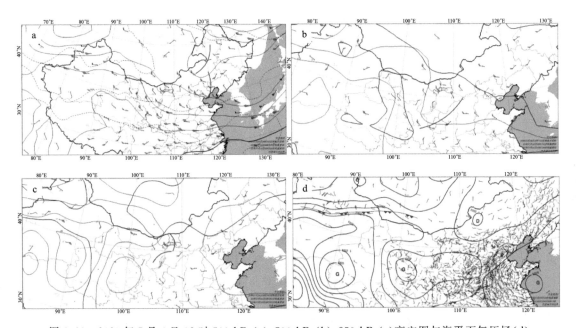

图 6.19　2020 年 7 月 4 日 08 时 500 hPa(a)、700 hPa(b)、850 hPa(c)高空图与海平面气压场(d)

6.3.3 探空资料分析

临河站 7 月 4 日 08 时(图 6.20a),600～400 hPa 有不稳定能量存在,CAPE 值为 80.3 J/kg, CIN 值为 237 J/kg,对流抑制位能大于对流有效位能,500 hPa 以下风随高度顺转有暖平流; 0 ℃层高度在 4077 m,−20 ℃层高度在 7341 m;地面温度露点差＞5 ℃,K 指数为 32.9 ℃, SI 指数为 0.25 ℃,除了 K 指数达到对流的条件外,其他指数不利于对流的发生。午后辐射 升温,用临河 14 时地面温度进行订正,CAPE 达到 1601.7 J/kg,CIN 降为 0 J/kg,温度上升 使对流有效位能明显增大,对流抑制消失,故在 14 时之后产生了强对流天气。

乌拉特中旗站 7 月 4 日 08 时(图 6.20b),700～250 hPa 层结不稳定明显,CAPE 值为 696.8 J/kg,CIN 值为 93.5 J/kg,对流高度在 700 hPa 以上,对流有效位能大于对流抑制位 能;500 hPa 以下风随高度顺转有暖平流;0 ℃层高度在 4100 m,−20 ℃层高度在 7167 m;地 面温度露点差＜5 ℃,湿度条件有利于降水。K 指数为 36.9 ℃,SI 指数为 −1.2 ℃,达到了 本地产生强对流天气的指标。中午辐射升温,用 14 时气温进行订正,CAPE 达到 1377 J/kg, CIN 降为 0 J/kg,温度上升使对流有效位能继续增大,对流抑制消失。所以,午后产生了强对 流天气。天气实况显示乌拉特中旗海流图镇出现短时强降水并伴有冰雹。

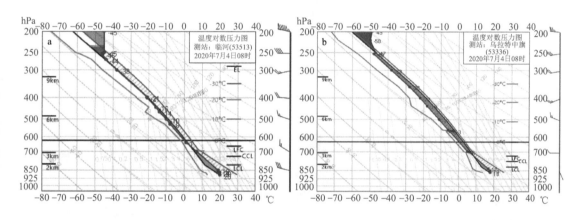

图 6.20　2020 年 7 月 4 日 08 时临河站(a)和乌拉特中旗站(b)T-lnP 图(阴影为 14 时订正值)

6.3.4 地面中尺度天气系统分析

7 月 4 日 13—15 时,受阴山地形影响,偏北气流冷空气维持在阴山以北,地面辐合线呈东 北—西南向,位于乌拉特后旗至乌拉特中旗东部阴山一线;16 时乌拉特后旗北部偏北气流明 显增大;17 时地面辐合线西北侧风力增大,对流沿地面辐合线触发,呈带状并快速加强发展。 在辐合线附近有中低压发展,受中低压加强作用,在其附近出现降雹;18 时冷空气完全越过阴 山,地面辐合线快速向南移动,19 时受鄂尔多斯高原影响地面辐合线断裂,东半段位于乌拉特 前旗乌拉山一带,西半段位于磴口县以南,在此时段内,部分旗县出现了短时大风天气。之后, 系统整体继续南移减弱,对流回波趋于消失(图 6.21)。

6.3.5 中尺度对流系统的特征分析

(1)卫星云图演变及其结构特征

从红外云图分析(图 6.22),7 月 4 日 14 时开始在巴彦淖尔市西北部有对流云系自西北向 东南方向移动;16 时对流云系覆盖乌拉特后旗北部,最低云顶亮温 324 K,云体边界整齐,并向

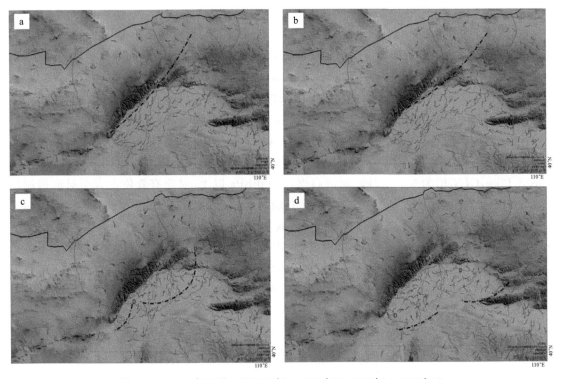

图 6.21　2020 年 7 月 4 日 16 时(a)、17 时(b)、18 时(c)、19 时(d)
巴彦淖尔地形及风场(黑色虚线为地面辐合线,D 表示中低压)

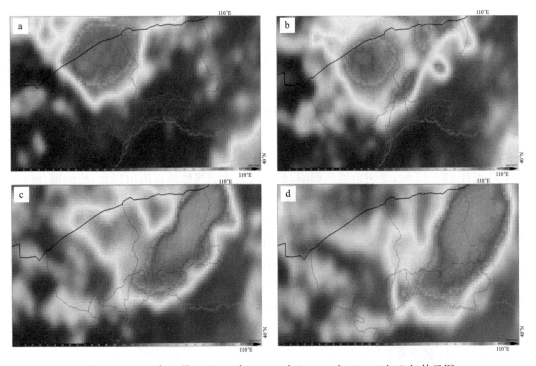

图 6.22　2020 年 7 月 4 日 16 时(a)、17 时(b)、18 时(c)、19 时(d)红外云图

东南方向移动且亮温梯度较小;17 时在乌拉特中旗西南部有带状对流云系发展,乌拉特中旗海流图镇对流单体开始生成;18 时强对流云系快速发展加强,最低云顶亮温 330 K,主要影响乌拉特中旗东部和南部、临河区北部及五原县大部地区;19 时对流云系东移,主要影响乌拉特中旗东南部及乌拉特前旗。从以上析可表明,16—19 时对流云系移动的轨迹,也就是发生冰雹、短时大风的时刻。

(2)雷达回波演变及其结构特征

1)组合反射率因子回波特征

7月4日的天气雷达显示(图 6.23),15 时 59 分弱回波自乌拉特后旗西北部向东南方向移动,在其东南侧有多个对流单体呈线状快速发展;17 时 01 分多单体已加强合并成西南—东北向带状回波,强度达 45～50 dBZ,强对流单体在向东南移动过程中,经过乌拉特中旗机场、海流图镇产生降雹。之后,带状回波西南段整体越过阴山山脉后南移明显加快形成飑线,在杭锦后旗团结镇、蛮会镇、临河区新华镇产生降雹;带状回波东北段在乌拉特中旗巴音乌兰又产生降雹;17 时 59 分飑线在经过五原县丰裕乡发生降雹后,在移动的过程中整体开始减弱;19 时 02 分回波减弱至 48 dBZ 以下,整体结构松散,主要影响五原县东部、乌拉特前旗,以雷暴大风、弱降水为主。

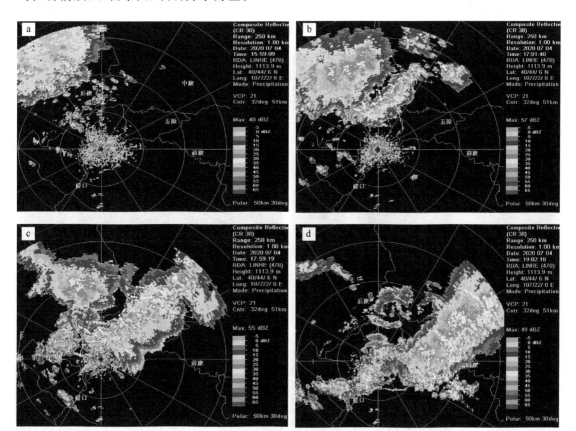

图 6.23　2020 年 7 月 4 日 15 时 59 分(a)、17 时 01 分(b)、17 时 59 分(c)、19 时 02 分(d)组合反射率因子图

2)大风雷达回波特征分析

从 7 月 4 日的雷达回波径向速度图(图 6.24)分析,17 时 17 分杭锦后旗蛮会镇北部径向

速度为—24 m/s,蛮会镇地面极大风速达 19.0 m/s,说明飑线已形成,飑线自西北向东南移动。由 17 时 17 分反射率因子可见,飑线底层回波强度大,弧线连续性好,结构密实。

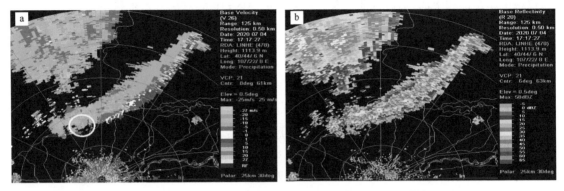

图 6.24　2020 年 7 月 4 日 17 时 17 分径向速度图(a)、反射率因子(b)

由图 6.25 可见,18 时 04 分阵风锋经过临河区时,地面极大风速为 12.7 m/s;飑线在五原县复兴镇附近发生断裂,断裂处复兴镇出现 18.9 m/s 的阵性大风。19 时 02 分受飑线东段影响的五原县东部与乌拉特前旗西部(图中看不到乌拉特前旗),由于实际速度与径向夹角接近 45°,因此,雷达显示径向速度为 7~17 m/s,而乌拉特前旗西小召镇实际极大风速达 19.7 m/s。

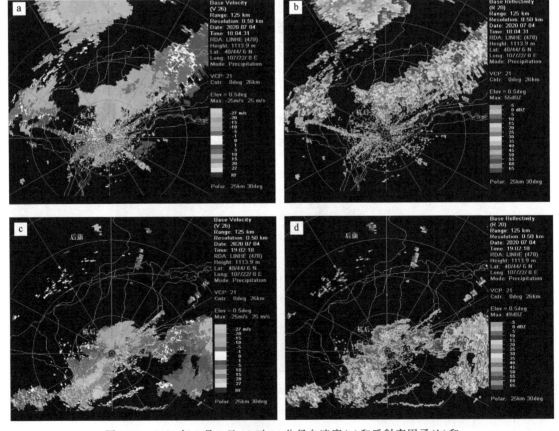

图 6.25　2020 年 7 月 4 日 18 时 04 分径向速度(a)和反射率因子(b)和
19 时 02 分径向速度(c)、反射率因子(d)图

3)冰雹雷达回波特征分析

从图 6.26 可见,7 月 4 日 17 时 07 分强对流带状回波已从乌拉特中旗机场移至其南部,组合反射率因子仍在 58 dBZ(单体号 O1)以上。从其单体趋势图可以看出,液态水含量从 16 时 25 分—17 时 02 分增加至 30 kg/m² 以上,单体质心位置在乌拉特中旗机场附近维持时间较长且高度在 4 km 以上,单体强度增大到 50 dBZ 以上,冰雹指数达到了 100%。而实际监测到乌拉特中旗机场降雹时间出现在 16 时 43—58 分。

4 日 17 时 48 分强对流回波移至乌拉特中旗附近,最强回波强度在 50～60 dBZ,单体回波强度维持在 50 dBZ 以上,单体质心高度在 4 km 以上。而实际监测到乌拉特中旗在 17 时 40—50 分出现了降雹。

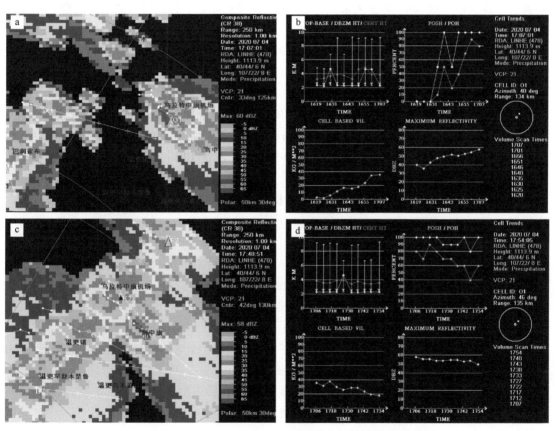

图 6.26　2020 年 7 月 4 日 17 时 07 分组合反射率因子(a)和单体趋势图(b),
17 时 48 分组合反射率因子(c)和 17 时 54 分单体趋势图(d)

6.3.6　预报预警思路及着眼点

(1)潜势预报思路

08 时形势配置:700～500 hPa 巴彦淖尔市处于上游高压脊前西北气流影响之下,有风速辐合,西北气流携带冷空气在巴彦淖尔市地区堆积;850 hPa 切变线影响巴彦淖尔市。同时,$T_{850} - T_{500}$ 达 29 ℃,在中低层有暖舌伸入,有利于低层增暖,促使低层到高层的温度递减率加大,形成"上冷下暖"的热力不稳定层结,有利于强对流天气的产生;14 时地面低压系统控制巴彦淖尔市,导致地面辐合增强,午后有利于触发强对流天气。

层结状况：从临河站 08 时层结曲线分析，不稳定能量偏弱，湿度条件较差。但 500 hPa 及以下有暖平流，K 指数达 32.9 ℃，具有不稳定因素存在。午后温度升高后，$CAPE$ 值达到 1601.7 J/kg，CIN 降为 0 J/kg，温度上升使对流有效位能明显增大。故午后易产生强对流天气。

乌拉特中旗站 08 时层结曲线分析表明，不稳定层结明显，$CAPE$ 值为 696.8 J/kg，500 hPa 及以下有暖平流且湿度条较好，同时 K 及 SI 指数都达到了本地强对流天气预报指标。因此，乌拉特中旗午后将出现强对流天气。

(2) 临近预报思路

强对流触发系统：地面辐合线形成，干线自西北向东南翻越阴山，干空气过山后使得山前中高层的干冷程度加强，加之山前低层西南暖湿气流，有利于对流的加强发展。对流云团在山后或沿山地区移动过程中，形态发展成型初期，或已接近冰雹云特征时要及时发布临近预报。

(3) 预警信号发布及依据

1) 16 时 35 分发布冰雹橙色预警信号：影响乌拉特中旗，并伴有雷雨大风、短时强降水等强对流天气。

预警依据：

① 乌拉特中旗海流图镇一带有中低压发展并维持，辐合加强，有利于对流继续发展；

② 50 dBZ 强回波已发展至 5.5 km 以上，回波质心高度 5 km，回波仍在继续加强发展中；

③ 对流单体快速加强发展中，16 时 35 分云顶高度已达 10 km，液态水含量出现连续增加现象，出现冰雹的概率极高。

2) 16 时 51 分发布大风蓝色预警：影响乌拉特后旗、乌拉特中旗、杭锦后旗北部、临河区、五原县。

预警依据：

① 受蒙古国对流系统东南移影响，15—16 时乌拉特后旗北部、乌拉特中旗北部共 7 站出现偏北大风，预计该天气系统将继续向南移动影响上述地区；

② 地面辐合线沿阴山分布，沿地面辐合线有多个对流单体对流触发，且雷达回波已发展合并形成明显的弧形，有利于飑线的形成；

③ 根据自动站显示，大风经过站点气温下降 6 ℃ 左右，冷空气在山后堆积后快速下山，山前将出现大风天气；

④ 16 时 35 分仰角 0.5°速度图，雷达回波在乌拉特后旗沿山及南部存在径向速度 17～24 m/s 的大风速区域，且将向南移动影响临河区、五原县。

6.4　2020 年 7 月 17 日强降水冰雹天气过程技术分析

6.4.1　天气过程概况

2020 年 7 月 17 日，巴彦淖尔市出现强对流天气(图 6.27)。强对流天气分布在南北两个区域，分别位于乌拉特后旗沿山及中旗的强降水天气和南部地区的大风、冰雹及雷阵雨天气。其中，大部地区小阵雨，局部中到大雨。最大降水出现在乌拉特中旗巴音乌兰，为 38.1 mm，最大降水强度出现在巴音乌兰，为 33.7 mm/h(14—15 时)，最大瞬时风速出现在乌拉特前旗乌梁素海，为 20.3 m/s(8 级)，在 16—18 时，乌拉特后旗巴音宝力格镇、临河区 4 个乡镇(白脑包镇、八一乡、乌兰图克镇、双河镇)、杭锦后旗蛮会镇、五原县天吉泰镇出现冰雹，最大冰雹直径达 2 cm。

强对流天气造成部分乡镇农作物严重受灾,乌拉特后旗西乌盖沟出现山洪。

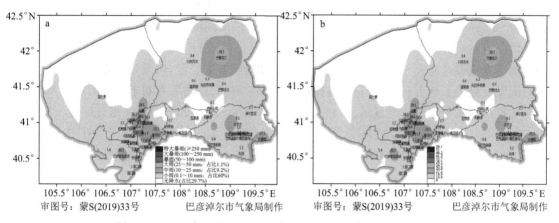

审图号:蒙S(2019)33号　　巴彦淖尔市气象局制作　　审图号:蒙S(2019)33号　　巴彦淖尔市气象局制作

图 6.27　2020 年 7 月 17 日 08 时—18 日 08 时降水量实况图(a)

(单位:mm)和极大风速实况图(b)(单位:m/s)

6.4.2　环流形势及主要天气系统

7 月 17 日 08 时(图 6.28),本次强对流天气主要影响系统是高空冷槽类。500 hPa 亚洲中高纬度呈两脊一槽型,巴彦淖尔市处于贝加尔湖高空槽底前部,槽后有冷平流,700 hPa 和 850 hPa 切变线位于巴彦淖尔市西北部,切变线附近有明显的干冷空气和暖湿空气汇合。海平面气压可以看出,蒙古国受地面高压控制,高压中心位于蒙古国西部,我国阿拉善盟东部有一低压中心,两个系统在东移的过程中,形成东北—西南向的地面冷锋,巴彦淖尔市位于冷锋前部。由于中低层的暖湿平流和地面低压的影响,使得地面气温快速上升,最高气温达 31 ℃,为午后强对流天气的发生储存了热量和水汽,当低槽和切变线东移时,触发不稳定能量释放,形成强对流天气。此次强对流天气系统的高低空配置为上干冷下暖湿,利于产生强的位势不稳定层结。

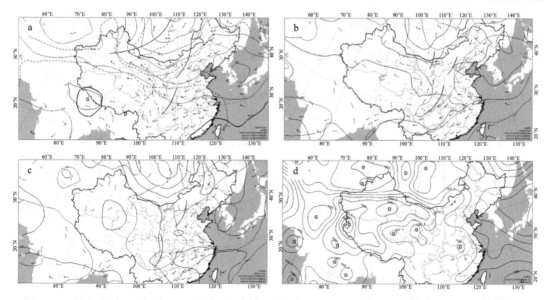

图 6.28　2020 年 7 月 17 日 08 时 500 hPa(a)、700 hPa(b)、850 hPa (c)高空形势与海平面气压场(d)

6.4.3 探空图分析

分析 7 月 17 日 08 时临河站(53513)和乌拉特中旗站(53336)探空曲线(图 6.29)可知,临河站探空曲线显示:600～250 hPa 为不稳定层结,有较高的热力不稳定性,K 指数为 34 ℃,SI 指数为 -3.25 ℃,$T_{850}-T_{500}$ 为 31 ℃,0 ℃、-20 ℃层的高度分别为 4.3 km、6.5 km,低层垂直风切变为顺时针旋转有暖平流,14 时地面温度订正后 $CAPE$ 值增至 1573 J/kg,气象指数均达到了本地强对流天气指标,较强垂直风切变和对流有效位能,以及强的热力不稳定为午后强对流发生提供了热力和动力条件,适中的 0 ℃和 -20 ℃层高度有利于冰雹的形成及增长。

乌拉特中旗站探空曲线显示:不稳定层结位于 600～400 hPa,湿层(相对湿度≥80%)位于 700～500 hPa,低层垂直风切变为顺时针旋转有暖平流,K 指数为 33 ℃,SI 指数为 0.55 ℃,$CAPE$ 值 158.7 J/kg,CIN 为 0.0 J/kg,基本符合本地短时强降水天气指标,尤其是中高层较好的湿度有利于雨滴的碰并增长,为强降水的形成提供有利条件。

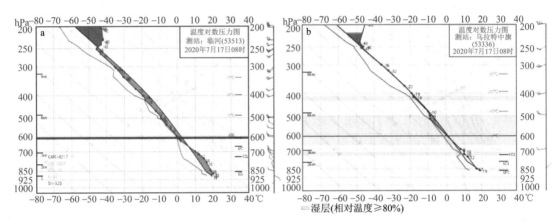

图 6.29　2020 年 7 月 17 日 08 时临河站(a)和乌拉特中旗站(b)T-ln$P$ 图

6.4.4 地面中尺度天气系统

通过分析 7 月 17 日强对流天气的地面加密站资料(图 6.30),发现地面环境场的偏南暖湿气流与雷暴出流和弱冷锋形成的地面辐合线是此次天气过程的主要中尺度天气系统。一个是位于乌拉特中旗西北风与西南风形成的冷式切变辐合线,另一个是位于河套平原及沿山地区偏南暖湿气流与雷暴冷出流形成的辐合线。地面辐合线呈现明显的锋面结构特征,具有较大的露点温度梯度、气压或变压梯度及温度梯度等,对此次强对流天气的发生过程起到抬升触发作用和对流系统组织作用。

从 7 月 17 日 14—23 时地面风场分析(图 6.31),14—17 时地面加密站资料显示,在巴彦淖尔市西北部有弱冷锋,之后缓慢东移南压,冷锋呈东北—西南走向,南北温差达到 4～6 ℃,是强对流天气发生的主要时段。20 时之后地面辐合线移至五原县及以东地区,强降水和冰雹天气结束。23 时全市受弱冷空气影响,暖湿气流与偏北风形成辐合线,造成磴口县的短时大风天气。

6.4.5 MCS 红外云图发生发展及其结构特征

分析 7 月 17 日不同时次卫星红外云图(图 6.32)发现,本次强对流天气由两个中尺度对流云团形成。14 时大部地区为晴空少云,太阳辐射有利于地面增温和不稳定能量的增加,14

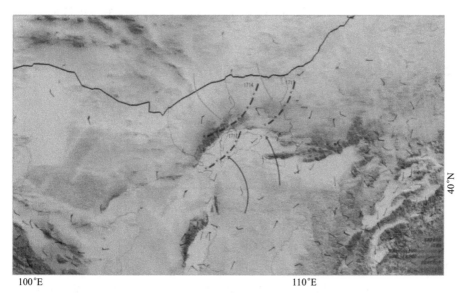

图 6.30　巴彦淖尔市地形图(2020 年 7 月 17 日 14—17 时)

(红色箭头示意暖湿气流路径;蓝色箭头示意干冷气流路径;黑色虚线为地面辐合线)

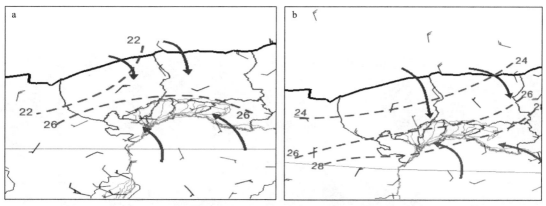

图 6.31　2020 年 7 月 17 日 14 时(a)、17 时(b)地面风场

(红虚线为等温线;红色箭头示意暖湿气流;黑色箭头示意干冷气流)

时 30 分左右分散的局地对流云团开始发展并聚拢,16 时乌拉特中旗的 A 云团发展成指状形态,水平尺度由几十千米发展到 100 km 以上,南北宽度达到 200 km 以上,强对流云团云顶亮温为 220 K,达到成熟阶段,受 A 云团的影响,巴音乌兰苏木区域站在 14—15 时降水量为 33.7 mm。

　　16 时乌拉特后旗沿山有 B,C 云团生成,受山脉地形的影响,冷空气与偏南暖湿气流在山前汇合,在地形的抬升作用下强烈辐合上升,对流云团在影响区移动缓慢,列车效应明显,主要影响乌拉特后旗沿山和杭锦后旗北部地区,16—17 时乌拉特后旗本站降水量为 27.4 mm,杭锦后旗蛮会镇降水量为 27.0 mm,部分地区伴有冰雹和雷电天气。B 云团东南移动的过程中,逐渐影响杭锦后旗中部、南部和临河区大部地区,产生雷阵雨和冰雹天气,临河区星光村在 17—18 时降水量为 27.4 mm,杭锦后旗本站 18—19 时降水量为 15.9 mm。19 时之后 B 云团移入五原县和乌拉特前旗,降水强度和影响范围减弱。21—22 时在磴口县北部有云团生成,加强发展成块状,对流云团云顶亮温为216 K,产生阵雨,之后东移至乌拉特前旗,于18日01时之后移出本市,此次强对流天气基本结束。

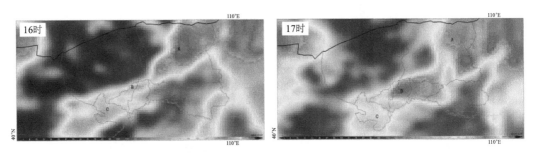

图6.32 2020年7月17日16—17时红外云图演变特征

6.4.6 MCS雷达图发生发展及其结构特征

(1)组合反射率因子

分析7月17日天气雷达组合反射率因子图(图6.33)可知,15时25分在乌拉特后旗东南部有弱回波生成,之后在达拉盖沟西南部不断有新单体生成并加强发展,具有明显的后向传播特征,使得中尺度对流系统在乌拉特后旗沿山一带长时间维持,产生较强降水,并伴有冰雹和雷电,降水产生的冷出流与山前的偏东、偏南暖湿气流形成强的冷暖空气对峙辐合区,进一步触发了对流系统的发展。

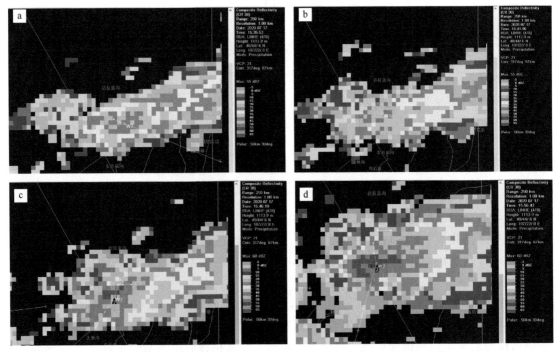

图6.33 2020年7月17日15时35分(a)、15时41分(b)、15时46分(c)、
15时56分(d)雷达组合反射率因子

16时01分单体回波移入杭锦后旗东北部,之后沿着东南方向移动加强,影响杭锦后旗中部、临河区中部地区,最强组合反射率因子强度达到65 dBZ,强回波顶高达到了9 km,表明垂

直对流发展旺盛而持久,在此时段内杭锦后旗、临河区的部分乡镇出现了冰雹。18 时强回波单体逐渐移出临河区,在东移的过程经过五原县天吉泰镇又产生了冰雹(图 6.34)。

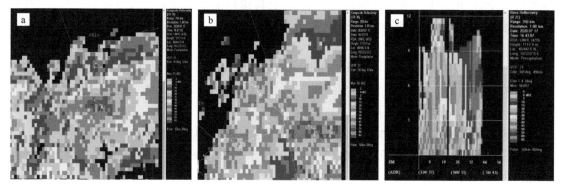

图 6.34　2020 年 7 月 17 日 16 时 07 分(a)、16 时 53 分(b)雷达组合反射率因子图与 16 时 43 分反射率因子剖面图(c)

(5)单体趋势演变图

15 时 37 分之后强回波逐渐影响乌拉特后旗前山,强回波垂直液态水含量 4 个体扫跃增至 50 kg/m²,雷达回波强度维持在 50 dBZ 到 60 dBZ,单体质心高度维持在 4 km(图 6.35),一直持续到 16 时 01 分,期间乌拉特后旗、杭锦后旗部分地区出现冰雹和雷电天气。由此可知,当垂直液态水含量连续 3 个以上体扫跃增,且雷达回波强度在 50 dBZ 以上,单体质心高度在 4 km 左右时,出现冰雹天气的概率较高。

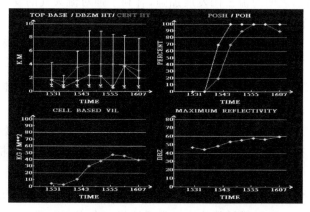

图 6.35　2020 年 7 月 17 日 16 时 07 分单体趋势

6.4.7　预报预警思路及着眼点

(1)潜势预报思路及着眼点

1)主要影响系统

500 hPa 贝加尔湖高空冷槽是造成巴彦淖尔市 7 月 17 日强对流天气的主要影响系统,中低层切变线和地面低压系统使得层结不稳定进一步增强,地面暖低压的发展使得辐合抬升运动加强,高低层的配置有利于高层的干冷气流和低层的暖湿偏南气流汇聚于巴彦淖尔市,阴山山脉与河套平原的地形影响,为此次强对流天气的发生、发展提供了触发不稳定层结的动力条件。

2)$T\text{-}\ln P$ 图

08 时临河站探空图显示,有较大的对流有效位能,适宜的 0 ℃、−20 ℃层的高度和明显的垂直风切变,存在上干冷下暖湿的条件,气象指数均达到了本地强对流天气指标。因此,有利于产生冰雹、雷电、短时强降水等强对流天气。

08 时乌拉特中旗海流图站探空图显示,有较好的湿度、较大的对流有效位能,明显的垂直风切变,气象指数也基本达到了本地发生强对流天气的指标。因此,有利于产生短时强降水等强对流天气。

(2)临近预报思路及着眼点

1)从雷达回波图上判断冰雹、短时强降水的发生,主要有以下几点。

① 强度:组合反射率因子强度在 55～60 dBZ,并在某一地区长时间维持,表明该地区即将出现强对流天气;

② 回波:雷达回波形态为块状,强回波(≥45 dBZ)高度达 9 km 以上,−20 ℃层以上仍有强回波的存在,表明积云发展旺盛;

③ 单体趋势:VIL 值出现连续跃增,单体质心高度达到 4 km,表明有可能发生冰雹天气。

2)从地面辐合线判断冰雹、短时强降水的发生,根据 16 时地面加密资料分析,降水蒸发冷却导致冷空气不断下沉扩展而形成冷空气堆,与偏南、偏东暖湿气流结合形成地面辐合线,进一步促使对流云团发展,将继续影响所经之地。

3)从红外云图判断冰雹、短时强降水的发生,14 时全市大部地区为晴空区,午后强烈的太阳辐射有利于地面增温和不稳定能量的增加,15—16 时开始在乌拉特后旗山前形成对流云团,云顶亮温逐渐降低,表明对流云团发展加强,有利于强对流天气的发生。

(3)预警信号发布及理由

1)15 时 50 分发布雷电黄色预警信号,主要影响区域为乌拉特后旗、杭锦后旗、临河区。

预警依据:

① 从云图的演变可见,中尺度对流云团结构越来越密实,云顶亮温越来越低,预计未来 6 h 内将继续加强发展;

② 16 时 10 分雷达回波组合反射率因子已达 55 dBZ,位于乌拉特后旗本站偏北 10 km 处。

2)15 时 50 分发布冰雹橙色预警信号,主要影响区域为乌拉特后旗、杭锦后旗、临河区。

预警依据:

① 从风雹追踪路径判断,15 时 50 分强对流回波位于乌拉特后旗与杭锦后旗北部交界处,组合反射率因子已达 60 dBZ,风暴趋势显示强回波将向东南方向移动影响其他旗县;

② VIL 相对于前两个体扫出现 15 kg/m^2 的跃增,并且将有继续跃增的趋势,强回波质心高度在 4 km 以上;

③ 冰雹指数和强冰雹指数都已达 100%;

④ 10 min 地面图显示,地面辐合线位于乌拉特后旗沿山地区,并向东南方向移动,在引导气流的作用下,预计强回波将东移影响杭锦后旗、临河区。

3)16 时 40 分发布山洪黄色风险预警信号,乌拉特后旗沿山地区山洪风险较高。

预警依据:

① 16 时 40 分乌拉特后旗站降水量为 15.3 mm;

② 16—17 时乌拉特后旗沿山一带雷达回波强度维持在 55～60 dBZ,并将持续;

③ 影响区内上空存在较大范围的中尺度对流云团,有加强发展的趋势,云顶亮温最低值达 215 K。

6.5　2020 年 8 月 11—12 日暴雨天气过程技术分析

6.5.1　降水冰雹天气实况

2020 年 8 月 11 日 12 时—12 日 17 时(图 6.36),受西风槽东移和西南气流共同影响,巴彦淖尔市出现一次暴雨天气过程。该降水天气从西部开始,向东移动并不断加强。暴雨主要分布在乌拉特后旗西部和沿山一带、乌拉特中旗沿山及南部。强降水中心位于乌拉特后旗的三贵口,降水量达到 74.8 mm。三贵口单站逐时降水量变化显示,此间降水强度呈双峰型,强降水峰值分别在 11 日 14 时和 12 日 02 时,其对应的短时强降水分别为 24.8 mm 和 14.3 mm。在磴口县渡口镇出现了冰雹。

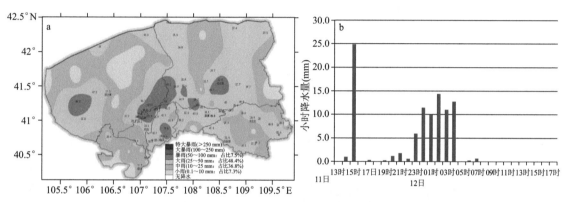

图 6.36　2020 年 8 月 11 日 12 时—12 日 17 时巴彦淖尔市降水量分布(a)与
三贵口站(C3662)逐时降水量变化(b)(单位:mm)

6.5.2　环流形势与主要天气系统

2020 年 8 月 11 日 08 时(图 6.37),从 500 hPa 高空图可以看出,上游阿拉善盟一带有高空槽影响,巴彦淖尔市处于弱脊区控制,南支槽的建立打通了通向河套地区的水汽输送通道;到 11 日 20 时,高空槽受下游高压脊影响移动缓慢,副热带高压北抬西进,巴彦淖尔市转为槽前西南气流控制,暖湿的西南气流和槽前正涡度平流区,为巴彦淖尔市降水持续发生提供有利的水汽条件和动力条件。11 日 08 时,700 hPa 西南急流还位于宁夏及以南地区,临河站温度露点差为 4 ℃,上游阿拉善盟南部有 16 ℃暖中心存在,有利于热力不稳定度增大;20 时,巴彦淖尔市转为西南急流控制且存在一定的风速辐合(银川站为 22 m/s,临河站为 10 m/s),临河站温度露点差为 0 ℃,接近于饱和,水汽供应充足。上游阿拉善盟东部有显著切变线,有利于低层抬升辐合。11 日 08 时,850 hPa 上游阿拉善盟一带有明显低压辐合中心,巴彦淖尔市风向为东南风(临河站为 14 m/s,乌拉特中旗站为 4 m/s),$T_{850}-T_{500}$ 达 29~30 ℃,对流不稳定条件较好;20 时,低压辐合中心移至巴彦淖尔市西部地区,$T_{850}-T_{500}$ 仍在 20~26 ℃,同时有冷舌伸入。由于干冷空气的侵入,更有利于对流性降水的发生。诊断分析表明:由于下游高压脊的阻挡,切变线东移速度明显减缓,暴雨过程的发生与影响系统在本地的停滞和加强有密切关系。第二个重要影响系统是西南低空急流。南支槽东移与副热带高压前缘的南风急流合并,使西南气流明显加强,水汽不断供给,为暴雨天气的发生提供了动力、水汽和能量条件。

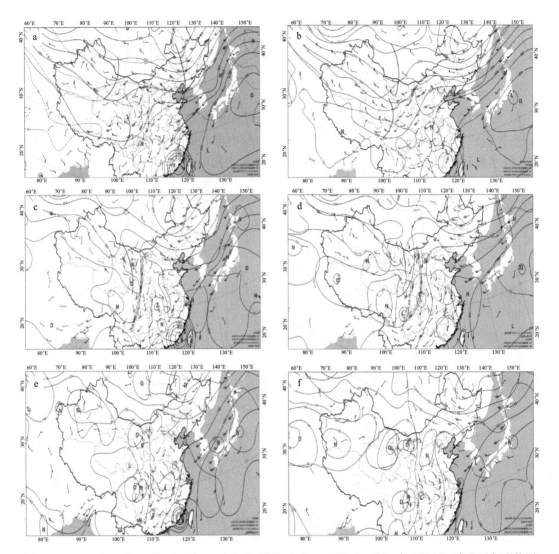

图 6.37 2020 年 8 月 11 日 08 时(a,c,e)和 20 时(b,d,f)500 hPa、700 hPa 与 850 hPa 高空天气形势图

6.5.3 探空曲线分析

通过分析 8 月 11 日 08 时临河站探空曲线(图 6.38a)可知,K 指数达 33.5 ℃,SI 指数 1.57 ℃;500 hPa 与 850 hPa 风速切变为 23 m/s;低层风向随高度顺时针旋转,有暖平流;$CAPE$ 值为 0 J/kg,0 ℃层高度为 4.6 km,−20 ℃层为 7.8 km。通过 14 时地面气温订正,不稳定能量 $CAPE$ 值增大为 1081.5 J/kg,有利于强对流天气的发生。20 时(图 6.38b),850~300 hPa 相对湿度均达到 80% 以上;K 指数为 37.4 ℃,SI 指数为 0.35 ℃;0 ℃层高度为 4.7 km,−20 ℃层为 8.4 km,对发生短时强降水较为有利。

由 8 月 11 日 08 时乌拉特中旗站探空曲线(图 6.38c)可知,K 指数为 19.7 ℃,SI 指数为 2.70 ℃,500 hPa 与 850 hPa 风速切变为 20 m/s,风向随高度顺时针旋转,有暖平流。通过 14

时地面气温订正,$CAPE$ 值增大为 346.8 J/kg。20 时(图 6.38d),500～300 hPa 相对湿度较高,在 80% 以上,K 指数为 37.4 ℃,SI 指数为 −0.35 ℃,对发生短时强降水较为有利。

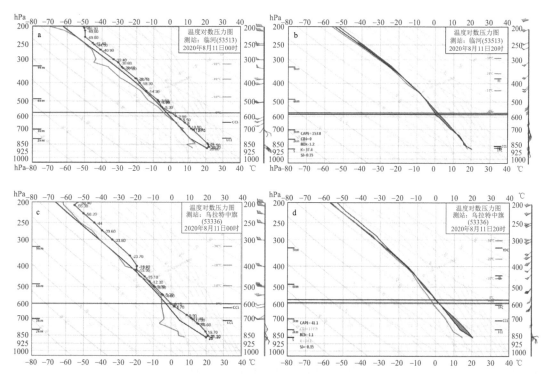

图 6.38　2020 年 8 月 11 日 08 时和 20 时临河站(53513)(a,b)、乌拉特中旗站(53336)(c,d)T-ln$P$ 图

6.5.4　地面中尺度天气系统

通过站点资料统计可知,出现强对流天气的主要时段为 8 月 11 日午后和 12 日的凌晨。分析 8 月 11—12 日强对流天气的地面加密站资料,发现地面环境场的偏南暖湿气流与弱冷锋形成的辐合线是此次天气过程的主要地面中尺度天气系统。一个是位于山后的偏东风与西南风形成的暖式切变辐合线,另一个是位于河套平原及沿山地区偏南暖湿气流与偏东气流形成的辐合线。

11 日 14 时地面加密站资料显示,在乌拉特后旗南部、磴口县均有暖湿气流输送,乌拉特后旗阴山以北有干冷气流侵入,西部有明显的风切辐合存在。因此,11 日午后是强对流天气发生的主要时段,乌拉特后旗南部、杭锦后旗北部出现短时强降水,磴口县渡口镇出现降雹。17 时之后阴山以南风向转为偏东风,强降水和冰雹天气暂歇。在北部地区以偏南风为主,降水仍在持续,但强度略减弱。12 日 00 时,地面气旋式辐合加强,乌拉特后旗和五原县切变明显,新一轮降水到来;03 时乌拉特后旗西北部有干冷空气侵入,配合西南暖湿气流,西南部地区降水强度进一步增大(图 6.39)。

阴山的特殊地形对这次暴雨天气的产生起到了重要的作用。阴山附近沟壑密布,西南暖湿气流北上多在山前辐合抬升,与山后冷空气交汇,使得在沿山及山前的降水进一步增强。

6.5.5　MCS 发生发展及其结构特征

8 月 11—12 日大暴雨过程主要受到两个中尺度对流系统(MCS)的影响,第一个 MCS 是

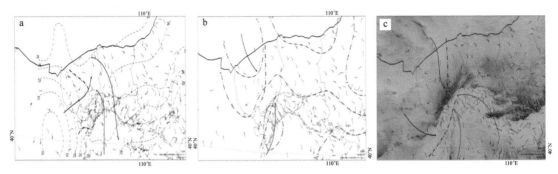

图 6.39　2020 年 8 月 11 日 14 时(a)、12 日 00 时(b)地面风场和地形图(c)

(红虚线为等温线;黑虚线为地面辐合线;红箭头示意暖湿气流;黑箭头示意干冷气流)

由地面倒槽触发的 11 日午后对流形成,第二个 MCS 是由 12 日凌晨弱冷空气侵入与西南气流形成的辐合线触发产生。这两个 MCS 都呈带状,缓慢东移南压,先后影响巴彦淖尔市,造成强降水和冰雹天气。

(1)卫星云图演变及其结构特征

从红外云图分析(图 6.40),本次大范围降水集中时段分为 11 日 12—14 时和 12 日 00—06 时两个阶段,主要由中尺度对流云团造成。

11 日 10 时开始磴口县西部有降水云系 A 生成,云系自西向东移动;12—13 时 A 云系逐渐增强,云系面积进一步扩大,主要影响乌拉特后旗西南部、磴口县北部、杭锦后旗西部,磴口县城关队 12—13 时雨量达 22.8 mm。同时,在黄河南岸的 B 云团迅速发展并向北推进;在乌拉特后旗西北部的 C 云团也在快速发展增强并向东推进。13—16 时,强对流云团 A,B,C 进一步发展旺盛,云顶温度小于 222 K,主要影响巴彦淖尔市西部、北部地区,造成乌拉特后旗、磴口县、临河区等部分地区出现短时强降水,强降水位置主要出现在沿山一带,最大出现在乌拉特后旗巴音查干为 26.2 mm/h(16—17 时)。此时,B 云团越过黄河发展壮大,乌拉特前旗、五原县、乌拉特中旗产生降水。18—20 时,B 云团继续北抬与 A 云团合并逐渐东移出巴彦淖尔市,而 C 云团东北移且进一步发展,主要影响杭锦后旗、临河区、乌拉特后旗、乌拉特中旗。此时,又有新生对流云团不断形成,其中,E 云团乌拉特后旗新生于西南部,F 云团新生于临河区南部,逐渐东移影响五原县南部、乌拉特前旗西南部。20—23 时,西部云系比较分散,降水暂歇,东部的云系仍然强劲,降水持续。

12 日 00—04 时,乌拉特后旗北部有对流云系 G 生成,E,F 云系强度增强,分别影响乌拉特后旗、杭锦后旗、乌拉特中旗、乌拉特前旗地区,对流单体影响时间持续近 2 h,上述地区出现短时强降水,最大出现在乌拉特中旗杭盖戈壁,为 22.1 mm/h(12 日 03—04 时)。05—06 时,磴口县西部有新生对流单体 I,J,K 生成,并逐渐加强东移,中心云顶亮温小于 225 K,主要影响杭锦后旗、临河区,云团维持近 1 h。07—08 时,I,J,K 云系持续加强东移,影响乌拉特中旗、五原县、乌拉特前旗,中心云顶亮温小于 223 K。09 时云系逐渐减弱东移,降水趋于结束。

(2)雷达图演变及其结构特征

1)组合反射率因子

分析 8 月 11—12 日天气雷达反射率因子资料可知(图 6.41),第一波强降水,11 日 12 时在巴彦淖尔市磴口县及黄河以南地区有回波单体生成,回波移动缓慢,12 时 29 分,雷达回波

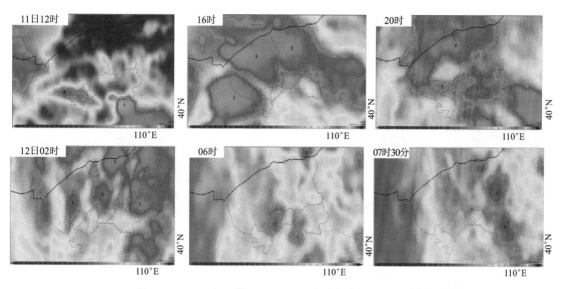

图 6.40　2020 年 8 月 11—12 日巴彦淖尔市卫星云图演变

增强到 60 dBZ,磴口县渡口镇出现冰雹后回波减弱,整体向东移动,有列车效应的特征,并产生强降水,同时伴有雷电。第二波强降水,12 日 00 时,巴彦淖尔市有大片降水云系覆盖,最大回波强度为 45 dBZ,存在明显列车效应,呈西南—东北走向。出现最大降水的乌拉特后旗,列车效应持续时间长达近 2 h,持续时间长、降水效率高是导致强降水的主要原因。05 时左右,临河区、乌拉特中旗雷达回波出现列车效应,持续时间达 1.5 h。09 时之后对流回波基本移出巴彦淖尔市,此次强降水趋于结束。

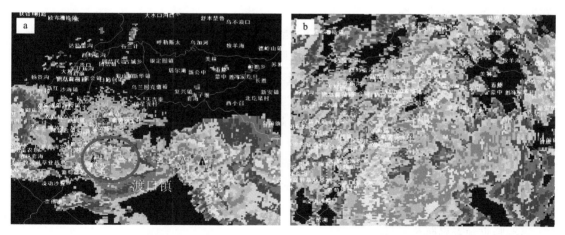

图 6.41　2020 年 8 月 11 日 12 时 29 分(a)、12 日 05 时(b)天气雷达组合反射率因子

2)风场特征

速度场也是监测强对流天气的有效手段。在此次天气过程中天气雷达 0.5°仰角径向速度场上(图 6.42)存在有明显的逆风区,逆风区多出现于能够带来强降水的强对流天气过程中。从 12 时 30 分径向速度图上可见,巴彦淖尔市西南部有明显的西南气流,在磴口县渡口镇附近出现显著逆风区,风对吹致使低层辐合加强,从而新生中小尺度对流单体;14 时 20 分临河区、五原县、磴口县南部风向转为东北风,逆风区消失。12 日 02 时 34 分乌拉特后旗南部存在风

向辐合区,中高层为一致的西南风且达到急流标准,水汽供应充足。05 时 50 分磴口县南部、临河区出现明显逆风区,逆风区呈西南—东北走向,有利于进一步加强辐合上升运动,降水强度加大。

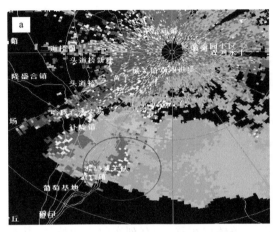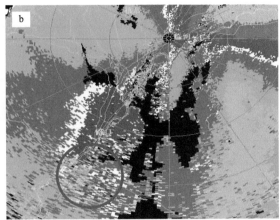

图 6.42　2020 年 8 月 11 日 0.5°仰角 12 时 30 分(a)、12 日 05 时 50 分(b)径向速度图

6.5.6　预报预警思路及着眼点

(1)潜势预报思路及着眼点

500 hPa 高空槽是造成巴彦淖尔市 8 月 11—12 日强对流天气的主要影响系统,具有整层的西南暖湿气流、干冷空气的侵入,再配合阴山山脉与河套平原的地形影响,为此次强降水的发生、发展提供了动力条件。

从 11 日 08 时临河站探空曲线可知,K 指数达 33.5 ℃,SI 指数为 1.57 ℃;500 hPa 与 850 hPa 风速切变为 23 m/s;低层风向随高度顺时针旋转,有暖平流;$CAPE$ 值为 0 J/kg,0 ℃ 层高度为 4.6 km,−20 ℃ 层为 7.8 km。通过 14 时地面气温订正,不稳定能量 $CAPE$ 值增大为 1081.5 J/kg,有利于强对流天气的发生。20 时,850～300 hPa 相对湿度均达到 80% 以上;K 指数为 37.4 ℃,SI 指数为 0.35 ℃;0 ℃ 层高度为 4.7 km,−20 ℃ 层高度为 8.4 km,对发生短时强降水较为有利。

从 11 日 08 时乌拉特中旗站探空曲线分析,08 时强对流指数表现不明显。20 时,乌拉特中旗站 500～300 hPa 相对湿度较高,达到 80% 以上,K 指数为 37.4 ℃,对发生短时强降水较为有利。

(2)临近预警思路及着眼点

河套地区以东的高压稳定少动,预示影响河套地区的高空槽系统移动缓慢,槽前西南水汽输送通道已建立。

11 日午后,由于气温升高,低层动力抬升加强,加之高空有弱冷空气侵入,极易出现冰雹、雷电等强对流天气,此时应及时发布强对流天气临近天气预报;

12 日凌晨,由于前期暖湿气流供应充足,已出现大范围强降水,20 时探空资料显示有深厚的湿层。同时,大范围雷达回波覆盖巴彦淖尔市大部地区,最大回波强度在 45 dBZ,存在明显列车效应,决定了产生的强对流天气类型为短时强降水。

(3)预警信号发布及依据

1)强对流天气触发和发展阶段(11 日 12—16 时)

① 11 日 12 时 10 分发布雷电黄色预警信号:影响范围为磴口县、杭锦后旗、临河区、乌拉特后旗南部。

预警依据:

12 时 03 分磴口县南部有 45～60 dBZ 的强对流回波单体存在,并向东北方向移动,最大回波强度达 65 dBZ,有发展为冰雹云的可能。

② 11 日 12 时 25 分发布冰雹橙色预警信号:影响范围为磴口县东南部、杭锦后旗南部。

预警依据:

磴口县渡口镇雷达单体趋势显示,11 时 46 分—12 时 11 分液态水含量连续跃增,最高达 40 kg/m^2,质心高度 6 km,最强回波强度强度 60 dBZ,降雹概率达 100%。因此,磴口境内出现冰雹的概率极高。

③ 11 日 14 时 50 分发布山洪黄色风险预警:预计未来 3 h,乌拉特后旗东南部沿山一带出现山洪风险较高。

预警依据:

a. 前期在磴口县南部生成的强对流单体东北移向乌拉特后旗沿山一带,且移速缓慢,维持时间较长;

b. 乌拉特后旗三贵口 40 min 内降水量已达 23.9 mm,强降水还在持续;

c. 巴彦淖尔市上空存在大范围中尺度对流云团,有加强发展的趋势,TBB 最低值达 212 K。

2)大范围强降水发生时段(12 日 00—06 时)

① 12 日 00 时 20 分发布暴雨蓝色预警信号:影响范围为乌拉特后旗。

预警依据:

a. 11 日 13 时—12 日 01 时累积雨量:乌拉特后旗布格提 47.8 mm、三贵口 46.4 mm、东升庙沟 43.1 mm,且降水还在持续;

b. 巴彦淖尔市西南部有层状云回波,强度为 35～40 dBZ,由雷达回波趋势演变可判断,未来将继续影响乌拉特后旗沿山一带;

c. 银川一带的涡旋云系不断向东北方向移动,与巴彦淖尔市上空的高空槽云系有合并加强的趋势。

② 12 日 02 时 50 分发布暴雨蓝色预警信号:影响范围为乌拉特后旗、临河区、杭锦后旗东北部、乌拉特中旗西南部。

预警依据:

a. 乌拉特后旗沿山及西部,临河区、乌拉特中旗西南部已出现强降水,且降水仍将持续;

b. 切变辐合区进一步北上,河套地区北部的气旋式辐合加强,新一轮降水到来,02 时 50 分乌拉特后旗西北部有干冷空气侵入,配合西南暖湿气流,西部地区降水强度有进一步增大的趋势;

c. 从雷达回波分析,乌拉特后旗南部存在多个对流单体,有列车效应存在,向东北方向移动。

6.6　2020 年 9 月 14 日大风冰雹天气过程技术分析

6.6.1　天气实况

2020 年 9 月 14 日午后至傍晚,巴彦淖尔市南部、东部出现分散的雷阵雨,部分地区伴有短时大风、冰雹等强对流天气。大部地区以小雨为主,五原县和乌拉特中旗局地出现中雨,最大降水量出现在五原县蒙中为 15.5 mm。磴口县、杭锦后旗、乌拉特中旗境内出现短时大风,瞬时风速达 8～9 级,最大风速出现在乌拉特中旗桑根达来为 22.5 m/s(9 级)。乌拉特中旗海流图镇、五原县隆兴昌镇、复兴镇出现冰雹(图 6.43)。

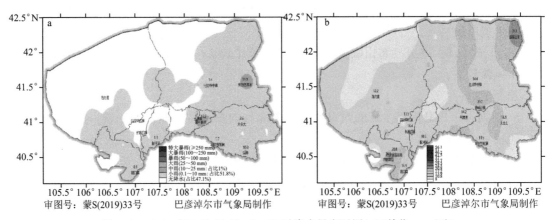

图 6.43　2020 年 9 月 14 日 08—20 时降水量实况图(a)(单位:mm)和
极大风速实况图(b)(单位:m/s)

6.6.2　环流形势与主要天气系统

此次天气过程主要影响系统是蒙古冷涡。9 月 14 日 08 时(图 6.44),500 hPa 高度场在贝加尔湖附近有较强的冷涡系统,巴彦淖尔市处于冷涡的底部,冷空气在西北气流的输送下不断进入巴彦淖尔市上空。700 hPa 和 850 hPa 仍受冷涡的影响,在甘肃中部至阿拉善盟有切变线,其中 850 hPa 切变线的右侧有明显的西南暖湿平流向北输送,为强对流天气的发生提供了水汽和热量条件。海平面气压场可以看出,巴彦淖尔市处于低压倒槽的顶部与蒙古冷高压的底部,系统在移动的过程中,形成东北—西南向的地面辐合线。此次天气过程高低空的配置是上干冷下暖湿,为高空冷涡强迫类。

6.6.3　探空图分析

此次强对流天气主要发生在巴彦淖尔市南部、东部地区。临河站与乌拉特中旗站的探空图相似,故选其一进行分析。从 14 日 08 时乌拉特中旗(53336)的探空曲线图显示可知(图 6.45),在 850 hPa 高度附近有明显的逆温层,地转风随高度顺转有暖平流,而在中高层有冷平流和"喇叭口"的温、湿廓线,K 指数达 33 ℃,整层垂直风切变较大。0 ℃层、−20 ℃层的高度为 3.3 km、6.4 km,有利于冰雹的形成和增长,$T_{850}-T_{500}$ 为 27 ℃。通过 14 时地面温度订正,午后到傍晚的 $CAPE$ 为 436 J/kg,预示强对流天气将产生。

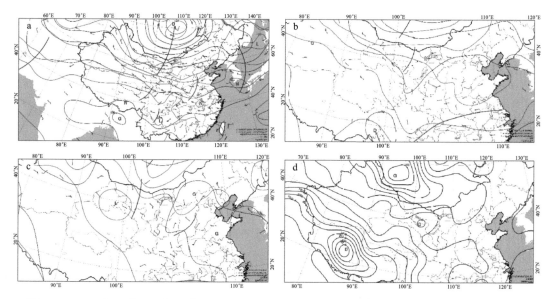

图 6.44　2020 年 9 月 14 日 08 时 500 hPa(a)、700 hPa(b)、850 hPa(c)高空形势与海平面气压场(d)

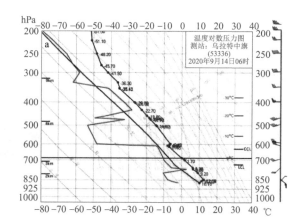

图 6.45　2020 年 9 月 14 日乌拉特中旗 08 时 T-$\ln P$ 图

6.6.4　地面中尺度天气系统分析

分析 9 月 14 日强对流天气的地面加密站资料(图 6.46),发现地面环境场的偏南暖湿气流与西北干冷空气形成的辐合线是影响此次天气过程的主要地面中尺度天气系统。14 时加密站资料显示,在巴彦淖尔市北部有西风和南风形成的辐合线,西南部有西北风和西南风形成的辐合线,之后两条辐合线快速东移于 16 时合并成一条东北—西南走向的冷锋,南北温差4 ℃,期间磴口县、杭锦后旗、乌拉特中旗出现 8~9 级的短时大风。16—17 时,在地面辐合线作用下,五原县和乌拉特中旗出现冰雹和雷雨天气,18 时之后地面辐合线移出境内,强对流天气基本结束。

6.6.5　MCS 在红外云图中的表现及其结构特征

分析 9 月 14 日不同时次气象卫星红外云图发现,此次巴彦淖尔市强对流天气受两个中尺度对流云团影响。15 时东部地区为晴空区,太阳辐射有利于地面增温和不稳定能量的增加。

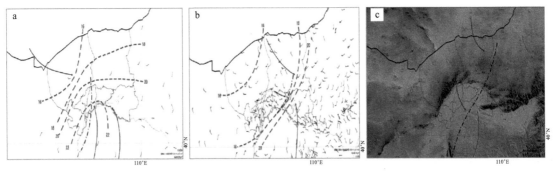

图 6.46 2020 年 9 月 14 日 14 时(a)、16 时(b)、地面风场及地面辐合线(c)

(红虚线为等温线;红色箭头示意暖湿气流;黑色箭头示意干冷气流;黑色虚线为地面辐合线)

西部地区有两个对流云团存在,第一个对流云团位于乌拉特后旗,呈盾状形态,第二个对流云团位于磴口县东部,呈逗点形态。之后两个对流云团加强发展并向东移动,16—17 时合并成一个对流云团,水平尺度发展到 100 km、南北宽度 200 km 以上。受其影响五原县、乌拉特前旗、乌拉特中旗出现雷阵雨,局地伴有大风、冰雹等强对流天气(图 6.47),18 时后对流云团基本移出本市。

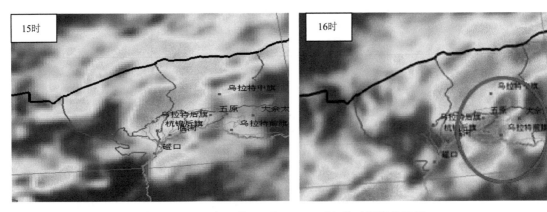

图 6.47 2020 年 9 月 14 日 15—18 时红外云图演变特征

6.6.6 MCS 在雷达图中的表现及其结构特征

(1)组合反射率因子

分析 9 月 14 日雷达组合反射率因子图(图 6.48),14 时 55 分巴彦淖尔市磴口县补隆淖镇有对流回波生成,沿地面辐合线向东北方向移动发展,15 时 30 分移至临河区东南部,同时在五原县的北部有新单体生成,之后两个回波不断加强发展,南部的对流回波越过黄河与北部的回波在 16 时 13 分合并形成带状多单体雷暴群,由鄂尔多斯市杭锦旗库布齐沙漠延伸至乌拉特中旗南部,最大回波强度增加到 53 dBZ。之后 1 h 内,西南—东北带状回波持续影响五原县、乌拉特前旗和乌拉特中旗,造成该地区的雷雨和局地冰雹天气。17 时 30 分回波减弱,并迅速移出巴彦淖尔市,此次强对流天气基本结束。

(2)风场特征

速度场也是监测强对流天气的有效手段。在此次天气过程中,15 时 19 分雷暴单体多仰

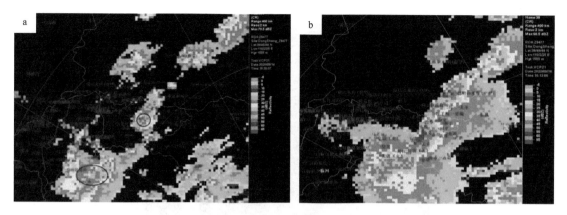

图 6.48　2020 年 9 月 14 日 15 时 30 分(a)、16 时 13 分(b)天气雷达组合反射率因子特征

角径向速度图上可见(图 6.49),巴彦淖尔市西南部出现 15 m/s 的速度大风区和辐合区,影响磴口县、杭锦后旗及乌拉特后旗南部且维持 4~5 个体扫,在 15—16 时上述地区出现短时大风天气。

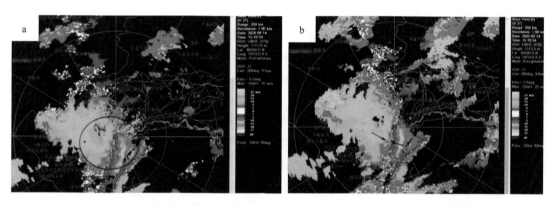

图 6.49　2020 年 9 月 14 日 15 时 19 分 0.5°仰角(a)、1.5°仰角(b)径向速度

(3)VIL 及跃增

分析影响五原县单体趋势可见(图 6.50),14 日 15 时 29 分到 15 时 44 分三个体扫垂直液态水含量跃增为 20 kg/m² 以上,最大雷达回波强度高达 50 dBZ 以上,质心高度在 4 km 左右。15 时 49 分后垂直液态水含量开始减小,其他因子也相应减小或降低。天气实况是 15 时50—58 分五原县隆兴昌镇观测到降雹,说明垂直液态水含量连续 3 个体扫呈跃增态势,且雷达回波强度达到 50 dBZ 以上,质心高度为 4 km 左右,产生冰雹的概率极高。

6.6.7　预报预警思路及着眼点

(1)潜势预报思路及着眼点

500 hPa 高空冷涡是造成巴彦淖尔市 9 月 14 日强对流天气的主要影响系统,同时对流层低层的弱暖脊和地面倒槽使得大气层结不稳定进一步增强,地面处于低压倒槽的顶部与蒙古冷高压的底部,系统在移动过程中,形成东北—西南向的地面辐合线,高低空的配置是上干冷下暖湿,为此次强对流天气的发生、发展提供了触发不稳定层结的动力和热力条件。

订正后的探空图显示,巴彦淖尔市东部、南部地区具有适宜的 0 ℃、−20 ℃层的高度,较

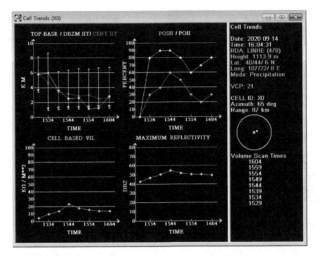

图 6.50　2020 年 9 月 14 日 16 时 04 分五原县单体趋势

好的热力不稳定,较强的对流有效位能和垂直风切变,对出现强对流天气非常有利。

(2)临近预警思路及着眼点

1)天气系统演变大致决定中尺度对流系统的活动区域

500 hPa 的高空冷涡携带的冷平流叠加在中低层暖脊上方,边界层高压底部的干冷空气与低压倒槽的暖湿气流汇合,切变线和地面辐合线的东移进一步触发了不稳定能量,预示着巴彦淖尔市有强对流天气发生。

2)天气系统演变影响中尺度对流系统的组织形态和强对流天气类型

天气尺度环流提供的背景场决定了强对流天气类型为短时大风、冰雹类天气。

3)天气系统演变影响中尺度对流系统的移动方向

一般用 700 hPa 高度场整层平均风判断中尺度对流系统的平移速度。中尺度对流系统整体东移,使得巴彦淖尔市此次强对流天气发生也是自西向东发展传播。

4)黄河在对流系统传播中的作用

本次强对流天气始发于黄河南岸库布齐沙漠,午后沙漠升温快,黄河河面升温慢,强对流天气北移过程中,出现越黄河时减弱,移动到黄河以北进入巴彦淖尔市后加强的现象。

(3)预警信号发布及依据

1)15 时 10 分发布雷电黄色预警信号。影响范围为巴彦淖尔市西部地区。

预警依据:

① 从云图的演变可见,MCS 结构密实,云顶亮温降低,预计对流云团在未来 6 h 将加强;

② 从风雹追踪路径判断强回波自西南至东北方向移动,位于黄河南岸鄂尔多斯境内时,组合反射率因子已大于 50 dBZ,预计强回波越过黄河进入巴彦淖尔市后将加强;

③ 上游强对流单体经过地区已出现雷电现象。

2)15 时 10 分发布大风蓝色预警信号。影响范围为巴彦淖尔市大部地区。

预警依据:

① 14 时 50 分冷空气进入乌拉特后旗、乌拉特中旗,磴口县、杭锦后旗,多站出现西北风且风力≥12 m/s;

② 15 时 10 分雷暴单体多仰角径向速度图显示,巴彦淖尔市西南部已出现明显的 15 m/s 速度大风区和辐合区,影响磴口县、杭锦后旗且继续向东北方向移动。

3)15 时 40 分发布冰雹橙色预警信号。影响区域为巴彦淖尔市东部地区。

预警依据:

① 从云图的演变可见,MCS 结构密实,云顶亮温逐渐降低,预计对流云团将继续发展;

② 从风雹追踪路径判断强回波自西南至东北方向移动,位于黄河南岸鄂尔多斯境内时,组合反射率因子已大于 50 dBZ,预计强回波越过黄河进入巴彦淖尔市后将加强;

③ VIL 出现连续跃增至 20 kg/m^2;

④ 质心高度在 4 km 左右;

⑤ 强冰雹指数≥40,冰雹指数≥90,且仍在增大。

参考文献

［1］朱乾根,林锦瑞,寿绍文,等.天气学原理和方法[M].北京:气象出版社,2007.

［2］顾润源,孙永刚,韩经纬,等.内蒙古自治区天气预报手册[M].北京:气象出版社,2012.

［3］孙淑清,孟婵.中-β尺度干线的形成与局地强对流暴雨[J].气象学报,1992(02):181-189.

［4］孙继松,戴建华,何立富,等.强对流天气预报的基本原理与技术方法:中国强对流天气预报手册[M].北京:气象出版社,2014.

［5］章丽娜.T-ln$p$ 图在天气分析和预报中的应用[M].北京:气象出版社,2022.

［6］黄小彦,崔恒立,胡贵华,等.强对流天气预报预警技术与实例分析[M].北京:气象出版社,2019.

［7］寿绍文,励申申,王善华,等.天气学分析[M].北京:气象出版社,2002.

［8］Owen J. A study of thunderstorm formation along dry lines[J]. J Appl Meteor,1966,5:58-63.

［9］Fu Q. Radiation (solar). In:Holton,James R,eds. Encyclopedia of Atmospheric Sciences[M]. Amsterdam:Academic Press,2003:1859-1863.